JN305195

っと助けてあげる

横田早紀江

草思社文庫

めぐみ、お母さんがきっと助けてあげる◉目次

めぐみ、お母さんがきっと助けてあげる

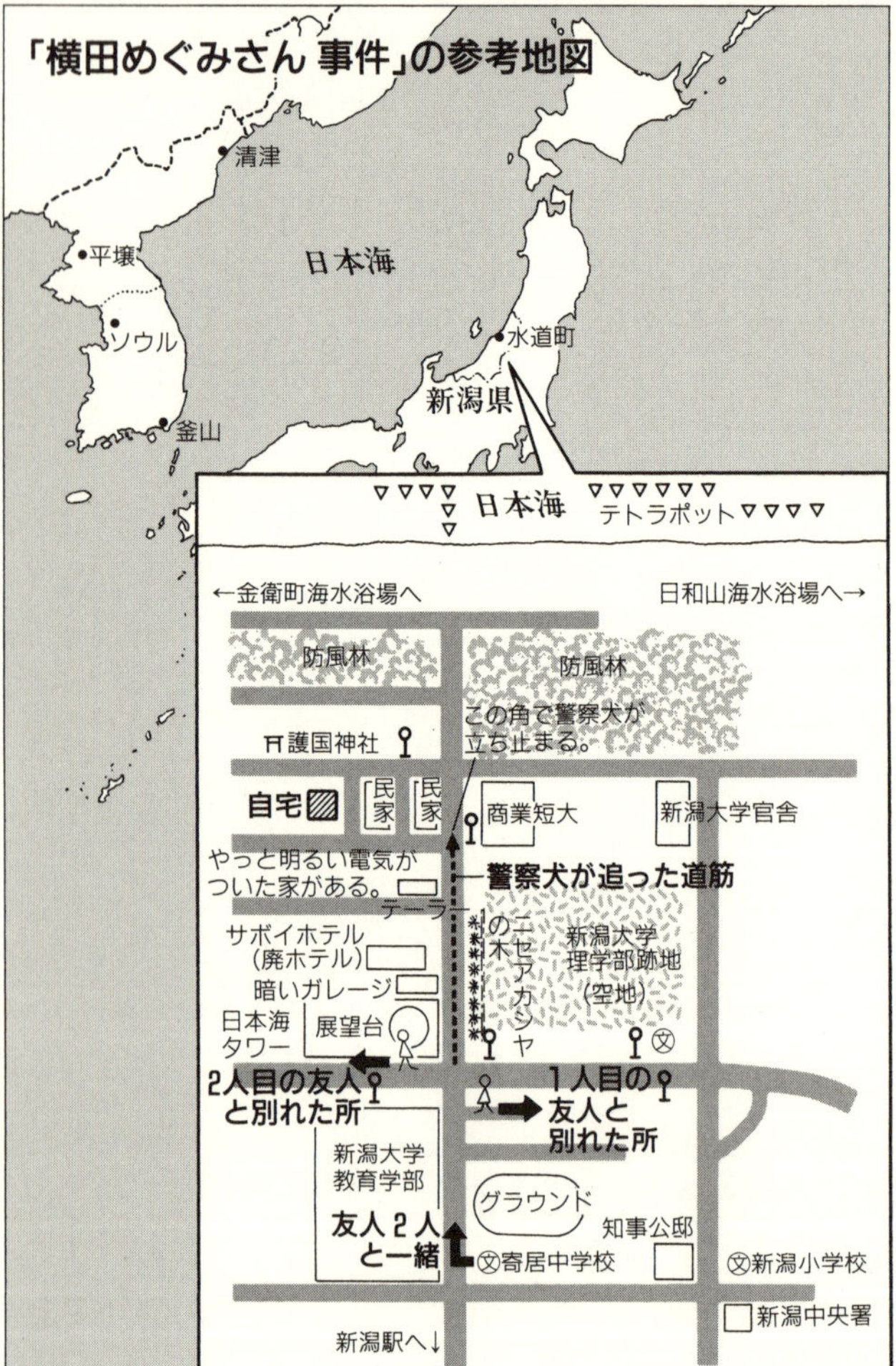
「横田めぐみさん事件」の参考地図
清津
平壌
ソウル
釜山
日本海
水道町
新潟県
日本海
テトラポット
←金衛町海水浴場へ
日和山海水浴場へ→
防風林
防風林
この角で警察犬が立ち止まる。
⛩護国神社
自宅
民家
民家
商業短大
新潟大学官舎
やっと明るい電気がついた家がある。
警察犬が追った道筋
テーラー
ニセアカシヤの木
新潟大学理学部跡地（空地）
サボイホテル（廃ホテル）
暗いガレージ
日本海タワー
展望台
2人目の友人と別れた所
1人目の友人と別れた所
新潟大学教育学部
グラウンド
友人2人と一緒
知事公邸
㊫寄居中学校
㊫新潟小学校
新潟中央署
新潟駅へ↓

プロローグ――娘が元気でいるという夢を見て

娘のめぐみは、昭和五十二（一九七七）年十一月十五日の夕方、中学のバドミントン部の練習を終え、暗い海岸へ向かう通学路を、部活の友だち二人とともに帰宅する途中、忽然《こつぜん》と消息を絶ちました。新潟市立寄居《よりい》中学の一年生、十三歳でした。それから二十年、あの明るい声を聞くことも、あの笑顔を見ることもなく、私たち家族は辛い日々を過ごしてきました。あらゆる捜索にもかかわらず、まるで神隠しのように消えてしまった娘でした。

娘が失踪してから二年ほどのあいだに、私は五つの夢を見ました。その五つの夢だけは、今でもはっきりと覚えているのです。

最初に見たのは、私とめぐみが板を敷いた桟橋で渡し船を待っている夢でした。船はまだ見えませんが、私たちはそれに乗ろうとして待っているのです。目の前の川はそれほど大きくはなく、緑っぽい色をしていました。私たちの後ろには大勢の人が並んでいました。そのときの娘はものすごく青白い顔をしていました。着ていたレインコートも青磁《せいじ》色で、めぐみがいつも着ていたものとは違っていました。私は、やりきれない寂しさに襲われていて、とても不安な感じがしました。そんな何とも嫌な夢を見て、パッと目が覚めました。

つぎに見た夢には、娘が通っていた寄居中学校の下駄箱が出てきました。私がそのかたわらに立っていると、娘の捜査をしてくださっていた刑事さんが近づいてきて、「いやあ、横田さん、大変なことだったねえ。本当に酷《むご》いことだったから、何とも言いようがないけれども」とおっしゃるのです。ふと見ると、下駄箱の隅っこに黒いビニール袋がポツンと一つ置いてありました。バラバラにした遺体の一部をビニール袋に入れて捨てるという事件がありますが、「ああいうことなんだ」と、刑事さんから説明を受けているというような夢でした。

私は血が凍りそうになって、びっくりして目が覚めました。

そのつぎの夢も水に関係があって、海で溺れかけている子猫を助ける夢でした。

私と亡くなった京都の母が海岸を歩いていると、可愛い子猫が溺れかけています。

私は猫が好きだし、可哀相にと思ってウワーッと海の中に入っていきました。私は泳げないのに、海はだんだん深くなっていきます。それ以上行ったら駄目だという際々《きわきわ》のところまで来ました。母は着物を着ていたのですが、「危ないよ、危ないよ」と言いながら、私の後ろからついてきました。

私は精一杯手を差し延べて、うまく子猫をつかまえることができました。よかったねえ、と言って子猫を抱き上げると、母も「ああー、よかったねえ」と言って、すごく喜んでいました。それが三つ目の夢です。めぐみは出てきませんでしたが、あの頃見た不思議な夢として、はっきり覚えているのです。

四つ目の夢では、私がどこかのお蕎麦《そば》屋さんに、やはり京都の母と向かいあって座っている場面でした。そこへ「何を食べますか」と言って少女が注文を取りにきました。顔を見て、びっくり。それがめぐみだったのです。「まあ、めぐみちゃん！　何でこんなところにいるの。どんなに心配していたか。でも、よかった。元気でここにいたのね」と私が言うと、めぐみは輝くような明るい顔をしてニコッと笑いました。

そんな夢でした。

あと一つも不思議な夢でした。私は、建築中の五階建てくらいのマンションの前に立っています。まだ窓も何もできていなくて、コンクリートの打ちっぱなしのような建物でした。見上げると、高い階にコンクリートの床があり、そこの部分に明るい光が射していて、二歳半から三歳頃のめぐみが、嬉しそうにくるくると走っているのが見えるのです。私は、ああ、何であんな危ないところで、一人で走りまわっているのかと見ている夢でした。

主人は、弟たちと遊んでいる小学生ぐらいの娘の夢を、ときどき見たそうですが、私はそのマンションの夢を見たのを最後に、夢というものをほとんど見なくなりました。ですから、なおさらその五つの夢が忘れられないのです。川の色や海の色、娘が着ていたレインコートの色まで、鮮明に思い浮かべることができます。

家出をしたのか、自殺をしたのか。あるいは事故に遭《あ》ったのか。生死すら分からず、それでも、きっとどこかで生きていると信じながら、何とか娘のいない生活に耐えられるようになった二十年目の一昨年（平成九年）、驚くような知らせがありました。北朝鮮から韓国に亡命した元工作員が、めぐみを平壌《ピョンヤン》で見たと言うのです。何人かの工作員が、そう証言しているとのことでした。

あのとき失踪した娘は、実は北朝鮮に連れ去られたことが分かったのです。そして、北朝鮮には、めぐみのほかにも、たくさんの拉致《らち》された日本人がいることを知りました。多くは二十代の若さで、めぐみと同じ頃に拉致された方々です。その方たちのご両親もまた、私たち家族と同じ思いで悶々とした日々を送ってこられたのでしょう。皆さん、すでに高齢になられ、病の床に臥《ふ》せっておられる方もあると聞きました。

娘が生きていてくれたという安堵と同時に、北朝鮮という閉ざされた国から、娘をはじめ拉致された方々を救い出すことの難しさを考えると、気が遠くなりそうでした。

何の理由もなく、夢多き青春を摘みとられ、暗黒の世界へ囚《とら》われていった子どもたち。厳しい監視の中で息をつめて望郷の思いに涙しているであろう子どもたちの二十年を考えると、胸をかきむしられる思いがし、身代わりになれるものなら、今すぐにでも飛んでいって代わってあげたいという思いでいっぱいです。この気持ちは、子を持つ親であれば、きっと分かっていただけると思います。

私は最近になって、二十年ぶりにはっきりと娘の夢を見ました。場所はどこか分かりませんが、娘がスーッと夢に出てきました。めぐみは今では三十四歳になっていますが、その夢の中ではまだ高校生ぐらいで、あの頃とあまり変わっていませんでした。

「あら、元気でいてくれたのねえ！　よかったあ！」と私が言うと、娘も「うん。よかった」というふうな顔で笑っていました。その笑顔は昔と少しも変わらぬ屈託のないものでした。

どうかこの夢が正夢となってほしい。年老いてしまった親たちが元気なうちに、拉致された方々全員が無事に日本に帰ってきてほしいと、私は祈らずにはいられません。

自己流の拙《つたな》い短歌をつくることぐらいしかできない私が、娘がいなくなってから、これまでのことを手記にまとめようと決心したのは、理不尽な事件に巻き込まれ、子どもと引き離された親や家族が、そして囚われた子どもたちが、どれほどの悲しみを味わわねばならなかったか、どれほどの辛苦をなめねばならなかったかを、一人でも多くの方々に知っていただき、一日も早い家族再会の実現のために、ご支援を賜りたいと、切に願っているからです。

そしてまた、このような悲劇が二度と繰り返されてはならないと念じつつ、重い筆を執《と》った次第です。

第一章　ある日突然、娘がいなくなった

白いレインコート

めぐみが失踪したのは、新潟市立寄居《よりい》中学一年生の二学期のことでした。

私の主人は定年になるまで日本銀行に勤めており、在職中は何度か転勤がありました。私と結婚する前の札幌から始まって、名古屋、東京、広島、新潟、東京、前橋、そして東京勤務を最後に退職しました。

主人が広島支店から新潟支店に異動となったのは、昭和五十一（一九七六）年七月二十三日、めぐみがいなくなる一年余り前のことです。私たち夫婦と長女のめぐみ、めぐみとは四つ違いの双子の弟の一家五人は、新潟市水道町《すいどうちょう》の木造一戸建ての行舎に住むことになりました。

市の中心からさほど離れていなかったのですが、海岸のすぐそばで、家から歩いていくと、まもなく日本海に出ます。近くには移転した新潟大学理学部の跡地があり、防風林の松林が続いていて、夜になると、辺《あた》りは真っ暗になります。瀬戸内海に面した明るい広島から来ただけに、「寂しいところだなあ」という印象を受けました。私が口に出してそう言うと、新潟のお友だちは「賑《にぎ》やかな夏に、そんなことを言ってていたら駄目よ。雪が降ったら、どんなに寂しいか分からないわよ」と笑いながら言いました。

めぐみが「お父さん、いつまで新潟にいるんだろう」と聞くので、「今まで、一つのところには四、五年だから、今度もそのぐらいいることになるでしょうね」と言うと、「エーッ」と声をあげていました。「広島に帰りたい」と言ったこともあります。

私自身、「寂しいところね」などと言ってしまったのがいけなかったのですが、広島には仲の良い友だちが大勢いましたから、新潟に移って早々は、めぐみもずいぶんと心細かったことと思います。思春期にかかってきて、自意識が出てきたのか、ちょっと「おすまし」になったような、人見知りをするようになった頃でもありました。

お屋敷町と言うのでしょうか、その辺りには立派なお宅がたくさんありました。私たちの家と左隣のお宅は昭和二十年代に建てられたもので、「海の家」のような感じの、だだっ広い平屋の家でした。冬には海鳴りが聞こえて、夜など雨戸がガタンゴトンと、ものすごい音で鳴りました。

近くに銀行の集合アパートの行舎があったので、「横田さんも、こちらに引っ越さない？」と、アパートのほうに移っていった家族の方に言われたこともありますが、それまでの行舎はアパートと言うかマンションと言うか集合住宅でしたから、子どもたちはこの広い庭が気に入って、バーベキューをしたり、バドミントンをして走りまわっているのを見て、やはりこういうことのほうが大事だなと思って、よそに移ることはしませんでした。

庭は砂地でしたけれど、本当に広くて、土いじりが好きな私も大喜びで植木やチューリップや水仙の球根をたくさん買ってきて植えました。

めぐみは小学校六年生の二学期から市立新潟小学校に転校しました。もともと明るい娘でしたから、同じ銀行に勤める方のお嬢さんや、NHK新潟支局に勤める方のお嬢さんと仲良しになり、そのうちに、だんだんと友だちも増えてゆきました。

そして翌五十二（一九七七）年四月、娘は寄居中学に入学し、バドミントン部に所属しました。

めぐみは幼稚園のときからクラシックバレエを習っていて、また、歌を歌ったり、絵を描くのが好きでしたから、そういう方面のことをやるのかなと思っていましたが、仲良しがバドミントン部に入ったので、みんなで一緒にやろうよということになって、娘も同好会に入るような気楽な感じで入部したようです。入ってみると、練習は厳しかったようですが、一所懸命やっていました。

娘がいなくなった日は、案外暖かく、お天気のいい日でした。

バドミントン部でダブルスを組んだ方が毎朝迎えに来てくれており、その日も玄関まで誘いに来てくれました。暖かいとは言っても、クラブの練習を終えて帰ってくる頃には冷えるだろうからレインコートを持っていったほうがいいと思い、廊下を追いかけて玄関のめぐみに手渡そうとしました。白っぽいレインコートです。

めぐみは「どうしようかなあ……今日はいいわ。置いていくわ」と言いました。確かお友だちもレインコートは着ていなかったと思います。

めぐみは「行ってきます」と言って、友だちと二人で門から出ていきました。それが、娘を見た最後でした。

帰って来ない娘

クラブ活動の練習がどんなに遅くなっても、娘はふだんは六時頃には帰って来ました。しかし、その日は七時を過ぎても帰宅しませんでした。

その二日前の十一月十三日、新潟市内の中学校のバドミントンの新人戦があって、めぐみは選手として出場しました。十四日にはその試合の反省会があるとかで、「今日は、ちょっと遅くなる」と言って学校へ行きました。

そう聞いていたのですが、六時半を過ぎても帰って来なかったので心配になり、クラブのお友だちの家に電話をかけて「もう帰りましたか」と尋ねました。中学への通学路は、夜になると街灯がポツンポツンと、道を照らす程度にともっているぐらいの暗いところですから、家に帰って来るまでは、いつも心配だったのです。

「今日は反省会があるって、言っていたでしょう。うちも今帰ったばかりだから、もう帰られると思いますよ」と言うお友だちのお母さんの言葉にほっとして、待っていましたら、まもなく帰ってきました。

ところが十五日は「遅くなる」とは言っていなかったのに、なかなか帰ってきません。

「今日、何か言っていたかしらね。こんなに遅くなるって、言わなかったよねえ」

私は独り言のように息子たちに言いました。

「何も言ってないよ」

「何か遅いねえ。どうしたのかなあ」

私はだんだん不安が募ってきました。

「お母さん、学校まで行って、見てくるわ」

私は息子二人を残し、つっかけを履《は》いて玄関を出ました。門の鍵をかけているときに、隣のおばあちゃまと顔を合わせました。

「あら、今からどこかへお出かけですか」

「めぐみがまだ帰って来ないので、学校まで迎えに行ってきます」

そんな会話をして学校へ向かいました。きっと途中で出会うんじゃないかと思いながら、まっすぐ歩いていきました。一組のアベックのほかに、二人ぐらい人とすれ違いましたが、めぐみではありませんでした。

学校の門を入って、ふと見ると体育館には電灯が煌々《こうこう》とついていて、中からキャーキャーという女の人の声が聞こえてきました。

「ああ、まだ練習をやっていたんだ」

私はほっとして、家に引き返そうと思って校門のほうへ歩きかけました。でも、やっぱり見てこようと思い直して、体育館の入口から中を覗きました。ところが、それは生徒たちではなくて、お母さん方がバレーボールの練習をしているところでした。私は何かゾーッとして、いっそう不安になりました。

すぐに校門のところへ走って戻ると、守衛さんが立っておられました。

「体育館でバドミントンをやっていた生徒は帰りましたか」

私が尋ねますと、「もうとっくに帰りましたよ。六時過ぎぐらいに、みんな帰りましたよ」と、おっしゃいました。

私はびっくりして、何とも言えない不安な気分になりました。別の道から帰って来るのかもしれない、お友だちの家をまわっているのかもしれない。そんな期待をしながら、必死に駆けて家に戻りました。うちの玄関の戸は下のほうに透明ガラスがはまっています。そこから中を見たのですが、めぐみの靴はありません。

ああ、まだ帰っていないと思いましたが、テレビを見ていた息子たちに「お姉ちゃん、帰ってない？」と確かめると、「まだだよ、どうしたの」と言いながら、二人が玄関に走って来ました。

「いやだなあ。どうしたんだろう。学校にもいないのよ。気味が悪いね。ちょっとお友だちのところに電話をしてみるね……」

　私はすぐにバドミントン部の何人かのお友だちに電話をしました。

「えっ、まだ帰っていないんですか。門のところで別れたから、もう帰っているはずなんですけれど、おかしいですね」

　みなさんがそう言うのを聞いて、私はいやな予感がしてきました。私はバドミントン部の顧問の先生にも電話をかけました。

「まだ帰っていないんですか。どうしたのかなあ。いつものように門のところでみんなと賑やかに笑っていたんですが。本屋さんかどこかに寄ったのかもしれませんね。あんまりワイワイ騒がず、もう少し待ってみたらどうですか」

　先生はそう言われました。中学生ぐらいになると、少々寄り道をすることもあります。そんなとき、帰ってみたら家じゅうで大騒ぎしている、なんてことになると、本人は照れ臭いだろうと考えてくださったようです。

私もいったんは、そうかなあと思ったのですが、ふと、当時膝の治療に通っていた整形外科医院に寄ったのかもしれないと思いつきました。娘は「成長痛《せいちょうつう》」という痛みが出て、ウサギ跳びをすると痛いと言うので、家とは反対側の古町通《ふるまちどおり》にある医院にしばらくのあいだ通院していたのです。ああそうだ、あそこに寄ったのかもしれないと思って、すぐに電話をかけたのですが、「カルテを調べましたが、今日は見えていません」という返事でした。

娘は下校時に友だちの家に寄るとか買物をするということはありませんでした。これはやっぱり変だと思って、再び顧問の先生のところに電話をかけました。

「先生、まだ帰って来ないんですよ。こんなことは初めてです。気味が悪いので、私、探してみます」

「じゃあ、僕もすぐに見に行きます」

先生はそう言ってくださって、電話を切りました。

私は息子二人を連れ、懐中電灯を持って、学校のほうに歩いて行きました。途中には、火災にあって廃業した「サボイホテル」や、暗いガレージがあって、この辺は気をつけなさいといつも言っていた場所があります。「サボイホテル」は外観は普通のビルに見えますが、中には人が住んでいない空きホテルで、寂しいところです。

私はその辺りを「めぐみちゃーん、めぐみちゃーん」と名前を呼びながら探しまわりました。

しかし娘の姿はなく、それなら海かもしれないと思った私は息子の手を引っ張って、もと来た道を戻って海のほうへ向かいました。うちとは道一つ隔てて護国《ごこく》神社があるのですが、その先の道を渡って松林を抜けると海岸に出ます。護国神社には街灯がなく、真っ暗い中を境内の道だけが白く光って見えました。

私は怖かったのですが、子どもと三人だし、懐中電灯もあることだしと思って、ずっと奥まで歩いて行きながら、大声で娘の名前を呼びましたが、何も聞こえません。さすがに私も突き当たりのところまでは怖くて行けず、息子たちも「いやだ、いやだ」と言って泣き出したので、そこから引き返して、広い道を通って海岸まで行きました。

海岸には自家用車が六、七台停まっていました。私も必死ですから、車の窓から懐中電灯で運転席を照らして、「中学生の女の子を見ませんでしたか」と一台一台聞きました。ひょっとして車の中に引きずりこまれたのかもしれないと思ったのです。

私がそうやって声をかけると、中には「バカヤロー」と怒鳴る若い人もいました。誰だって、いきなり懐中電灯の光を浴びせられたら驚きます。私は慌てて「すみません」と謝りましたが、でも、あのときは、そんなことをして不躾《ぶしつけ》だ、などと考える余裕もありませんでした。

車の後ろのトランクに入れられているのかもしれないと考えて、しばらく見ていました。ですが、私はトランクをどうやって開けるのか知りませんし、息子たちは「触ったりすると、怒られるよ」と言います。

「でも、あの中に入れられているかもしれないよ」と息子たちに言いながら、私は恐怖感で胸がつぶれそうでした。諦めきれないまま、海岸を照らして、めぐみの持ち物が落ちていないかと探し歩きました。切り立った断崖のようなところから転落したのかもしれないとも思いましたが、やはり何も見つかりませんでした。

「お父さんが早く帰ってくるといいね」と言いながら、仕方なく家に戻ると、玄関の前にバドミントン部の顧問の先生が待っておられました。家が近所なので、自転車で走って来てくださったのです。

「まだ帰りませんか」

「今探してきたけれど、見当たりません。すぐに警察に電話をしたほうがいいと思うんですよ」

先生が「もう少し待っていたほうがいいでしょう」とおっしゃっていたとき、主人から、今晩は同僚の方たちと麻雀をすることになったから遅くなるよ、という電話がかかってきました。午後八時少し前のことでした。

立ち止まった警察犬

その日、主人の銀行では転勤してきた方の歓迎会があったそうです。ケーキと紅茶で茶話会《さわかい》をしたあと、みなさんで近くの麻雀屋さんに行き、主人は卓に着く前に、「遅くなる」という電話を入れてきたのです。

「それどころではないのよ。お姉ちゃんがまだ戻ってないのよ。すぐ帰って来て」

「えっ、それはおかしいな。いかんな」

主人は「すぐに戻るから」と言って電話を切り、しばらくすると、銀行の方三人とタクシーで帰ってきました。三人の方は近くの行舎に住んでおられたのですが、心配して一緒に帰ってきてくださったそうです。

「まだ帰っていないのか」と言って鞄を置くと、主人は顧問の先生と、もう一度娘を探しに行きました。私が探したところと重なるのですが、やはり見つかりません。空き地には雑草や灌木《かんぼく》が生えていて、たとえ靴が脱《ぬ》げていたとしても分からなかったことでしょう。

主人と先生が家に戻ってきて、やはりこれは警察に届けたほうがいいということになって、電話をしました。午後九時頃に連絡したような記憶があったのですが、警察の記録では午後九時五十分頃でした。先生はその間、忘れ物を取りに学校へ戻った娘が、校舎に鍵がかかってしまって出られなくなったか、あるいはトイレに入って鍵が開かなくなった可能性も考えて、学校内を探してくださいました。

届け出の電話をかけるとすぐに新潟中央署と、隣接する東署の署員の方がやって来られて、早速、調べてくださいました。だいたい私たちが調べたのと同じ場所で、理学部の跡地や廃業ホテルの中、護国神社や松林などです。

これは、あとで分かったのですが、めぐみの姿が最後に確認されたのは、午後六時三十五分頃でした。バドミントンの練習を終え、クラブの選手二人と学校の正門を出たのが六時二十五分頃。校門を出た三人は海のほうへ向かって通りを歩いて来ました

（八頁地図）。

一人の友だちは、二つ目の角を右に曲がりました。もう一人の友だちはつぎの大きな交差点を左に曲がりました。そのまま、まっすぐ行くと海岸に出ます。その交差点から二筋目を左に曲がり、また二筋目の角を右に曲がって二軒目がうちで、交差点からは三、四分で着く距離です。交差点の角は高い石垣になっていて、そこで別れると、お互いの姿は見えなくなります。「バイバイ」と言って、その友だちと別れたのが、午後六時三十五分頃だったのです。

捜索には二頭の警察犬も来ました。めぐみがその朝まで着ていたパジャマをビニールの袋に入れて持っていって、二人目の友だちと別れた交差点で犬に臭《にお》いをかがせました。すると、二頭のシェパードは警察官の方を引っ張り、海に向かってスッスッスーと歩いていきました。ところが、自宅へ曲がる角まで来ると、二頭とも立ち止まってしまいました。くるくるっと何度もまわるのですが、それ以上、進まなかったのです。

めぐみの臭いはそこで途切れてしまったということです。警察の方は「ここまでは歩いて来ていたのでしょう」とおっしゃいました。

結局、めぐみは見つからず、捜索は午前零時頃いったん打ち切られました。懐中電灯で照らしても狭い範囲しか見えません。警察では、あらゆることを想定して、誘拐事件専門の県警の特殊班の方が来て電話機に逆探知の器械を取り付け、覆面《ふくめん》パトカーが、うちの周囲に配置されました。私と主人はその後しばらくは、洋服を着たまま器械を取り付けた電話の脇で寝ました。

十六日の朝は薄明かりの頃、午前五時頃から捜索が始まりました。県警の機動隊の応援も出ました。隊員の方が一メートル半間隔の横隊になって、理学部跡地や海岸、松林などを棒で地面をつつきながら探してくださったのですが、何も見つかりませんでした。

近所の聞き込みも一軒一軒、毎日のようにしてくださり、めぐみがいなくなったのと同じ時刻に、いなくなった辺りに立って、通行人に「こんな女の子を見ませんでしたか」と聞いてくださいました。誰も娘の姿を見た人はありませんでした。主人の銀行の方は毎日通りますから、同じことを何度も聞かれたとおっしゃっていたそうです。

失踪後、身代金要求の電話はかかってこず、誘拐の線は薄いと判断した警察は一週間後の十一月二十二日、公開捜査に踏み切り、『新潟日報』は娘の写真入りで、行方不明のことを大きく報じました。全国紙の新潟県版にも大きく出ました。『毎日新聞』の全国版には小さな記事が載りました。生死は別として、見つかるとしたら新潟市内だろうと予想していたのでしょう。

これで何か情報が入ってくるだろうと思ったのですが、何の手がかりもありませんでした。私たちとしても、することがなくて、毎日毎日、海岸に出て、鞄か何かの遺留品が流れ着くのではないかと、見てまわるほかありませんでした。

公開捜査までの一週間、息子たちは「お姉ちゃんは、どこに行ったの?」と言って泣きました。私自身、かなり動揺し、取り乱していました。そんな中で、主人一人が「大丈夫だ。絶対に戻ってくる」と言って、私たちを励ましてくれました。

失踪から一年のあいだ、警察では延べ三千人の捜査員を動員してくださったのですが、それでも娘の消息はまったく摑めませんでした。

うちにもずいぶんたくさんの刑事さんが見えたのですが、最初に来た方が「いやな場所で事件が起こった」というようなことを言っていました。

黒澤《くろさわ》明《あきら》監督の『天国と地獄』という映画の中で、誘拐犯の指示に従って身代金を列車の窓から投げるという有名なシーンがあります。その身代金の受け渡し方法をモデルにした「折戸紀代子事件」の被害者の女性が、めぐみが友だちと別れた交差点のすぐ近くに住んでおられたそうです。昭和四十（一九六五）年に起きた事件です。デザイナーをしていた紀代子さんという方は「駐車違反をした」と言って呼び出されたまま連れ去られ、その後に身代金要求があって、新潟―新津間の列車からお金を投げ落としたのだそうです。結局、紀代子さんは殺害されてしまったということでした。

かつて、そのような酷《むご》い事件があったので、また同じような結果になるのではないかと、刑事さんたちは心配しておられたのでしょう。

めぐみが子どもだということもあって、みなさん、本当によくやっていただきました。

海岸のテトラポットの隙間に落ちると、岸からは見えないので、海のほうから巡視船やヘリコプターを使って調べたり、翌年の五月にはボランティアのダイバーの方が潜って探してくださいました。

近所の交番のお巡りさんは毎日のように「何か変わったことはありませんか」と言って訪ねて来てくださいました。私たちが新潟にいるあいだに、巡査の方は三人ぐらい代わりましたが、めぐみのことは申し送りとなっていて、最後まで気にかけていただきました。

めぐみの失踪当時に交番におられた巡査の方は、極真空手《きよくしん》が得意な大柄な方でした。この方は、私たちが転勤するたびに電話をかけてきてくださいました。のちに主人が東京の本店勤務になって世田谷に住んでいた頃、巡査部長になられて、「制服に二本の銀モールをつけることになったけれど、めぐみさんのお母さんに是非縫いつけてもらいたい」と言って、わざわざ世田谷の家まで訪ねて来てくださったことがあります。銀モールというのは、とても硬い紐ですが、それを一所懸命縫わせてもらったことを覚えています。

事件当時、新潟中央署の署長であった松本瀧雄《まつもとたきお》さんとは、中央署長引退後も年賀状の交換をしていますが、「めぐみさんの事件は今でも心に残っています。長いあいだ解決できなくて残念です」と、おっしゃっています。

一昨年の『週刊文春』（平成九年五月一日・八日合併号）に、「政府が握り潰してきた横田めぐみさん『北朝鮮拉致』の決定的証拠」と題した記事が載りました。警察庁の元最高幹部の方への取材をもとにして書かれたものでした。

記事の中で、元幹部の方はこう話しています。

「歴代の警察幹部たちは、北朝鮮による拉致事件について決定的な証拠を持っていたにもかかわらず、何十年も封印し続けてきたのです……首相官邸を始めとする日本政府も公表せず、握り潰して来た……横田めぐみさんを拉致したのは、どの北朝鮮工作船だったかを警察は知っています」

実際にどういうことがあったのか、正確なところは私にも分かりませんが、しかし、たとえそういう事実があったにせよ、当時、少なくとも現場の警察官の方々は、北朝鮮の工作員が娘を連れ去ったなどとは考えもしなかったと思います。そして、実際の捜査ぶりを目にした私たちにしてみれば、精一杯尽力していただいたと感謝しているのです。

事故か、家出か、自殺か

めぐみは、一体どこに行ったのか、私と主人は、いろいろな可能性を考えました。

主人は、警察犬がそれ以上進まなくなった辺りで事故に遭ったのではないか、と考えていました。交通事故の際に見られるタイヤ跡もなければガラス片や塗料なども落ちていなかったのですが、たとえば軽い接触事故を起こした人間が無免許だったり、酔っぱらっていたり、あるいは密会中だったりして、通報することができず、病院に連れて行って、こっそり治療するとか、最悪の場合、傷の具合が思った以上にひどいことを知って、山の中に遺棄《いき》してしまったのではないかと考えていたようです。

警察でも交通事故か、不良グループが連れ去った可能性が一番強いと見ていたようです。犬は鋭い嗅覚を持っていると言われますが、ガソリンと人間の臭いが混じると、ガソリン臭のほうが強いので、人間の臭いは追えなくなると聞きましたから、犬が立ち止まってしまった、その角のところで車に乗せられたのは、あり得ることでした。

私は、ひょっとして、ふらりと出ていったのか、思い詰めてしまったのではないかとも考えていました。

前述したように、娘がいなくなった二日前、十三日に新潟市内の中学校のバドミントンの新人戦があったのですが、選手に選ばれためぐみはダブルスで五位になりました。私たち夫婦にしてみれば、立派な成績だと思ったので、「よかったじゃないの」と言ったのですが、新潟市は女子のバドミントンでは全国でも最高のレベルにあって、中でも寄居中学は強い中学でしたから、「よくないよ。うちの学校では五位なんて、大したことないんだよ」とめぐみは嘆いていました。優勝するか二位ぐらいに入ることを期待されていたのでしょう。

試合の前日にはクラブのキャプテンから電話がかかってきて激励されていましたが、そのときも「ハイ、分かりました。一所懸命、頑張ります」と、カチカチに緊張した様子で返事をしていましたから、相当、真剣なんだなあと思ったものでした。

五位という不本意な成績だったし、寄居中学のあとの選手たちはシングルスで一位とか二位だったにもかかわらず、娘は思いがけず新潟市の強化選手に選ばれました。十四日の反省会から帰ってきた娘は、「大変なことになっちゃった。強化選手に選ばれたよ。何で私なんかが選ばれるんだろうね、お母さん」と言いました。

十三日の試合には、東京からバドミントンの指導者の方が、強化選手として市内の各校から二人ずつ、全部で十人ぐらいを選ぶために試合を見に来ておられたのだそうです。

娘はスポーツマンタイプではありませんが、わりに背が高く、クラシックバレエの練習で、かなり身体《からだ》を鍛《きた》えていたことは確かです。試合の成績は悪かったけれど、あれは伸びると先生方が思ってくださったのかなと、私は勝手に想像していました。

強化選手になると、他校の選手と一緒に合宿もしなければならないとのことでした。知らない人たちと泊まって練習するのは初めてだし、どうしようかなあと、娘は少しばかり重荷に感じていたようです。

「強化選手なんて大変なこと、私はできないな。どうしようかな。断ってこようかな」

「本当に自信がないのなら、早くクラブの先生に言ったほうがいいわよ。選手になりたい人はたくさんいるのだから、辞退するなら早いほうがいいわよ」

「でも、『ダルマ』に言うと、怖いからなあ」

めぐみを探してくださったバドミントンの顧問の先生のニックネームが「ダルマ」というそうで、とてもいい先生ですが、せっかく選ばれたのに「辞退します」とは、簡単には言えないことです。

「そんなに自信がないなら、お母さんが一緒に話しに行ってあげようか」

私はそう言いました。すると、めぐみは「うーん」と考えていました。

「でも、もう中学生だしね。お母さんにそんなことで来てもらうというのも変だからね。言うなら自分で言うから、いいよ。もうちょっと考えてみる」

そう言って、話は終わりました。

十五日の朝は元気に出て行ったのですが、その晩めぐみの帰りが遅くなったとき、まっさきに頭に浮かんだのが、強化選手の一件です。あまり思い詰めるタイプでないとはいえ、親などが考えている以上にバドミントンに「命がけ」だと分かりましたから、責任感が高じて思い悩んだ末に海に飛び込んで……などと考えると、頭がカーッとなってしまいました。

もちろん家出や自殺という線でも防犯少年課が調べてくださいました。

家出をするとしたら、仲の良い友だちがいた広島か、主人の兄弟がいる高崎、日立、札幌か、私の郷里の京都、前の年に家族旅行で行った佐渡ぐらいしか考えられず、知り合いや親戚に電話をかけて問い合わせたり、警察では「佐渡汽船」の乗船名簿を調べたのですが、そういうところに行った形跡はまったくありませんでした。

主人は直接娘から強化選手のことを聞いていなかったこともあって冷静で、いろいろなことを考え合わせてみて、家出の可能性はないだろうと言っていました。

というのは、家出なら寒い季節に向けてコートを持っていくとか、私服を持って出たはずですが、そうはしていません。預金通帳、試験のときにはめていく時計も置いていっています。当日は修学旅行費積立の納金の日で、それも払っていました。当時、十五日が主人の給料日でした。その日にお小遣いを貰《もら》うことになっていましたから、もう一日遅ければ、小遣いをプラスして持ち出せるはずです。図書館から借りた本もその日に返して、新しい本を借りています。バドミントンの練習を終えてから家出するというのも考えにくいことでした。

娘はある意味では大人で、ずいぶん難しい本を読んだりしていましたが、生活という点では、まだまだ子どもでした。結局、過保護に育てたのかなとも思うのですが、たとえば正月のお年玉でも、「これ、お父さん、貯金して」ということで、主人が郵便局に預けてやっていましたし、家族で旅行をするにしても、主人が全部計画を立てて、時刻表を調べたり、切符を買って渡していましたから、一人で遠くまで行くことはできなかったはずでした。上越新幹線も開通していませんから、確かに家出の可能性は薄かったのです。

けれども私は家出であってほしいと思いました。家出なら、いつかどこかで会える日がくるでしょうから。悪い人にやられてしまったとは、何としても思いたくなかったのです。

海に飛び込んだのかもしれないと私が言うと、主人は、それもないだろうと言いました。

娘は広島にいたとき、水泳の特訓をしていて溺れかけたことがあります。小学校四、五年生の頃だったと思います。休みのあいだに二十五メートル泳げるようになりなさい、というのが夏休みの宿題になったのですが、クラスで泳げない子が三人いて、その一人がめぐみでした。たまたま私の友だちの知り合いだった水泳指導の先生が、つきっきりで教えるから、寄越しなさいとおっしゃってくださって、特訓が始まったのです。

練習の最初の頃に溺れかけ、水が怖い怖いと言っていたのですが、その先生は上手に教えてくださり、おかげで二十五メートルを泳げるようになりました。夏休みが終わって初めてのプールの時間に、めぐみが「泳げるようになりました」と先生に言うと、みんなが「嘘だ、嘘だ」と言ったらしいのですが、本当に最後まで泳ぎ着いたので、クラスじゅうが、びっくりしていたよと、言っていました。

泳げるようになったとはいえ、水が怖いという記憶はなかなか消えなかったようです。主人は、そういう子どもは入水《じゅすい》自殺をはかったりはしないだろうという考えでした。

それから二十年のあいだ、私たち夫婦はいくつかの可能性について話し合っては、ときに自分たちの子育ての仕方が間違っていたのではないかと思ったりして、絶望的な気持ちになることもしばしばでした。堂々めぐりの問答をしては行き詰まり、その悲しみや苛立ちをどこにぶつけていいのか分かりませんでした。

後ろ髪を引かれる思いで東京へ

めぐみが失踪して以来、主人は海岸を見てまわるのが日課となりました。毎朝、少し早めに家を出て、浜辺の漂着物に目を凝《こ》らしました。たとえ変わり果てた姿になっていようと、親が見つけてやらなければ、という一念でした。

私は家事を終えると、まだ行ったことのない工場街のほうまで、町のあちこちを歩きまわりました。家の中にじっとしていることができませんでした。そして二人の息子を連れ、めぐみの名前を呼びながら海岸を歩きつづけました。幼い息子たちは「もう疲れたよ」と言うのですが、「もう少しだから、頑張ろうね」と励ましながら、海岸線を何キロも歩きつづけたのです。

とくに辛かったのは夜です。毎晩息子たちが寝てしまったあと、めぐみはどこに行ったのだろうねと主人と話しながら泣きました。

めぐみがいつ帰ってきてもいいように、門灯を明るいものに替えて一晩中つけていました。わが家が真っ暗で鍵までかかっていたら、めぐみは、家族に見捨てられたと思うのではないかと心配したのです。東京への転勤で新潟を離れるまでの六年間、毎晩そうしていました。

お隣に住んでいたおばあちゃまは、とても上品で優しい方でした。今は九十歳近くになられたかと思います。おばあちゃまは、めぐみのこと、私のことをいつも心配してくださって、今でも年賀状をくださるのですが、私が花が好きなのを知っていて、紫色をした見事な紫陽花《あじさい》とか水仙をいっぱい抱えて、たびたび持ってきてくださいました。私は、紫陽花の紫色を見ると、あの頃のことを思い出して悲しくなります。

そのおばあちゃまが、「門灯がともっているので、夜中にトイレに行くときも自分のところの電気をつけなくてもいいくらいですよ。こんなにして帰りを待っておられるのかと思うと、涙が出てきました」と、おっしゃったことがありました。

うちの前の道はバス通りに出る近道ということで、けっこう車が通りました。道路はT字路になっていて、ちょうどうちの前で一旦停止して、それからブーッと発進して角を曲がってバス通りに出ます。その車の止まる音を聞くたびに、めぐみが帰ってきたのかもしれないと思って、窓のところまで走っていき、覗いて見ずにはいられませんでした。

いつなんどき、どのような連絡が入るか分からないので、私か主人のどちらか一人は必ず家にいるようにしました。主人と一緒に出かけることもなくなり、法事のときなどは主人が一人で出席しました。あのときから二十年、家族そろって旅行に行ったこともありませんでした。

主人の銀行では、うちの事情を考えて転勤の時期を遅らせてくださいました。しかし、こちらの都合だけでいつまでも新潟にいるわけにはいきません。息子二人が中学三年の一学期のときに東京への転勤の話が出ました。このままもう少し留まったとしても、子どもたちが新潟の高校に入ってから転勤すると、家族がばらばらになってしまいます。でも、めぐみの面影《おもかげ》が残っているところから別な場所に行ったら、寂しいだろうなあという気持ちになったり、警察が捜査を続けているにもかかわらず、親がいなくなって、と世間の人が思うかもしれないとも考えました。

親しい友だちに話すと、高校受験を控えた息子たちのためにも、どこかで気持ちを切り換えたほうがいい、東京で新しい生活をしたほうがいいと言う人と、私だったら絶対に東京には行かないという人があって、私はどうしていいか分からず、悩みました。

けれども警察の方は、引き続き、われわれがきちんと捜査しますから心配しないで、心置きなく転勤してくださいと言ってくださり、銀行にもそのように話してくださったようです。

本当にそれは後ろ髪を引かれる思いだったのですが、警察の方のその言葉を聞き、そしてまた、下の息子たちも大事にしてやらなくてはいけないと思って、転勤を決めました。

いよいよ引っ越すというときになって、隣のおばあちゃまが、私が買ってきて植えておいた小さな山茶花《さざんか》を貰っていいですか、とおっしゃいました。私が、どうぞ、お宅に植えてくださいと言うと、おばあちゃまはそれをご自分の家の門のすぐ近くに植え替えました。

その後、おばあちゃまから届く年賀状には必ず山茶花のことが書いてあって、今年も真っ赤な花が咲いていますと知らせてくださいました。そしていつも、「あの山茶花を見るたびに、めぐみさんは絶対どこかで生きているとしか思えません。きっと元気でいますよ」と書き添えてくださいました。

めぐみが北朝鮮にいると知らされた直後、平成九（一九九七）年三月に新潟へ行った折、お隣のおばあちゃまを訪ねたのですが、あのときはまだヒョロヒョロと低い丈で、ようやく蕾《つぼみ》がついたぐらいの山茶花が、屋根の高さまで大きくなっていました。幹も、とても太くなっているのを見て、私は、ああ、この山茶花は一年一年大きくなったのだ、もうそれだけの年月が経ったのだ、と思って涙を堪《こら》えることができませんでした。

新潟の家は、私たちが出たらまもなく取り壊すと聞いていました。それでも主人と私は家をあとにする日、もしも娘が帰ってきたら分かるようにと、東京の転居先を書いた紙を、雨に濡れないようにビニールに入れて玄関の格子にくくりつけました。

そして私たちは東京に向かったのです。昭和五十八（一九八三）年六月のことでした。

東京に移ってから十日も経たないある日、世田谷の家に女性週刊誌の記者の方が訪ねてきました。その雑誌の読者層とめぐみの年齢が近く、何か情報が入る可能性があるかもしれないので、めぐみの失踪事件を取り上げたいとのことでした。

息子たちは受験を控えて大変なときですから、どうぞ今はそっとしておいてくださいと言って、お断りすると、その方は納得され、帰ってゆかれましたが、ああ、新潟を離れてもなお、めぐみのことは引き続き取材されるのだなと感じました。

不思議な行方不明事件に何の進展もなく、いつも緊張しつづけて暮らしていた新潟から東京に移った当初は、周囲の人たちが、めぐみの事件をまったく知らない環境の中で、私は少し解放されたような気分もありました。

しかし、めぐみの面影が街のどこにでも感じられた新潟から離れたことの寂寥《せきりよう》感は日増しに募り、明るいネオンが輝く賑やかな大通りを、一人自転車を走らせながら、シクシク泣いて家に帰ったことが、たびたびありました。

第二章　五人家族のにぎやかな食卓

明るくて朗らかな子だった

警察の公開捜査に使った制服姿のめぐみの写真は、ちょっと内気そうな感じで写っています。失踪したときと同じ制服姿で、同じ通学鞄を持ち、靴も同じものを履《は》いて撮《と》ったあの写真を警察に提出すると決めたのは主人です。娘がいなくなった当初は、これほど長いこと行方が分からずにいるとは思いませんでしたから、警察に保護されたり、誰かに目撃されるとか、あるいは別のかたちで見つかるにしても、いなくなったときに着ていたものを身につけているだろうと、主人は考えたのです。

主人の判断が正しかったことは分かるのですが、「可哀相に、何で陰気な顔で写っているこの写真を出すの？　もっといつもの明るい表情をして、大きく写っているのがあるのに」と、私は当時、主人に言い、今でもそう思っています。

あの写真は寄居《よりい》中学の入学式と始業式のあいだに撮ったもので、娘は風疹《ふうしん》の病み上がりでした。ほかの人にうつるといけないとお医者さんに言われて入学式を欠席したので、記念写真を撮っておこうということになりました。主人は、早くしないと桜も散ってしまうからと言って、始業式が始まるまでの日曜日に、めぐみを中学の校門の前に連れて行き、あの写真を撮ったのですが、めぐみは、まだ発疹《ほっしん》のあとが顔にボツボツ残っているし、お風呂にも入れず、髪も変なかたちだから嫌だと言っていました。出来上がった写真を見て、「ほら変な顔」とふくれていました。

そんなときに写した写真ですから、めぐみは寂しげな顔をしているように見え、おとなしく内気な少女だったような印象を受けられるかもしれません。しかし、実際のめぐみは本当に明るく朗らかな子で、面白いことを言っては人を笑わせ、家に帰って来ると、その日あった出来事を大きな声で話し、めぐみのいるところは、いつも賑《にぎ》やかでした。

いなくなった日の朝には、こんなことがありました。その日は息子たち二人が学校でインフルエンザの予防注射をすることになっていて、あらかじめ体温をはかっていかなければなりませんでした。私が息子たちの脇の下にぎゅっと体温計を挟《はさ》ませるのを見て、めぐみは、「お母さんみたいに、きっちりやると、手を上げたとき、体温計が脇の下にぶら下がっていると思うよ」と言いました。

その表現の仕方もおかしかったのですが、本当に息子たちの脇の下に体温計がくっついて、ぶら下がっていたので、子どもたちは畳を叩いて、笑い転げました。

めぐみと一緒にバスに乗っていたときのことです。目の前に腰かけていたおじさんの仕種《しぐさ》が異様に面白く、めぐみがクククと笑いはじめました。見ると、確かに剽軽《ひょうきん》な感じで、私も思わず噴き出しそうになり、二人で声を抑えて笑いをこらえていたのですが、とうとう我慢できずに途中でバスを降りてしまったことがありました。私たちは、お腹《なか》が痛くなるまで笑いました。私も大人げなかったのですが、娘と一緒にいると、何か愉快な気分になりました。

あの頃、一番楽しかったのは、家族そろってする食事の時間でした。

めぐみは、主人と私の誕生日には、ささやかな小遣いの中から買えるプレゼントを選び、食事時にそれを取り出すと、「ハイッ、お誕生日おめでとう」と言って手渡してくれました。

めぐみがいなくなる前の日、十一月十四日は、ちょうど主人の誕生日でした。あのときの主人へのプレゼントは携帯用の櫛でした。「これからはお洒落に気をつけてね」という言葉が添えてありました。

今でもよく覚えているのは、広島にいた頃、習字をやっていた私の誕生日にくれた小筆です。その頃よく行っていた文房具屋さんが行舎から坂を少し下ったところにありました。お母さんのためにと言って、その店で小筆を買い、坂道を汗をかきながら一所懸命、登ってくる娘の姿を思い浮かべて何度泣いたことでしょう。

主人は口下手ですし、男の子はあまり話をしませんから、賑やかなめぐみがいなくなった食卓は、火が消えたようにひっそりとなりました。その落差は、何と言って表現していいのか分からないほど、私には耐えがたいものでした。

めぐみは、昭和三十九（一九六四）年十月五日、名古屋の聖霊《せいれい》病院で生まれました。東京オリンピックがあった年で、私もベッドから起きられるようになったとき、病院のテレビで開会式を見た覚えがあります。お産のことで精一杯でしたが、こういう記念になる年に初めての子どもが生まれたのだと思い、感慨深いものがありました。

私は、子どもたちは伸び伸びと育ってくれればいい、小さいうちは外に出て、思う存分遊んだほうがいいと思っていました。

広島時代、近所の子どもたちと一緒に行舎の庭で土いじりをしたり、石蹴りをしたりして遊ぶめぐみのことを、同じ行舎にいた奥さまが、「めぐみちゃんというのは、本当に『遊びの天才』ね」とおっしゃったことがあります。

特別な道具がなくても、葉っぱや木や石を上手に使って、いろいろな遊びを考え出していたのだそうです。子どもなりに工夫して想像しながら、手近にあるものを使って遊んでいたのでしょう。

私は、ある面では子どもたちを自由に遊ばせ、しかしまた、厳しく躾《しつ》けてもいたと思います。とくに、私が子どもに言い聞かせていたのは、弱いものイジメをしてはいけないということと、草花でも動物でも、生き物を大事にしなければいけないということでした。

幸いなことに、めぐみも息子たちも気持ちの優しい子どもに育ってくれたと思います。

広島時代のことですが、近所に登校拒否のお子さんがいました。その子の家は通学路の途中にあったので、誘ってあげなさいよ、と私が言うと、めぐみは弟たちと三人で、その子の家に寄り、「大丈夫だよ」と言って、毎日、一緒に登校するようになりました。今でもお母さまが、あのときは本当によくしてもらったと、おっしゃってくださいます。

広島の行舎の周辺には坂道がたくさんありました。ある日、荷物をいっぱい持ったおばあちゃんが苦しそうに坂を登ってくるのを見て、めぐみが「おばあちゃんの家まで持って行ってあげるよ」と声をかけ、相当、上まで荷物を持つのを手伝ってあげたことがありました。おばあちゃんは喜んで「あんたはいい子だねえ」と言ってリンゴをくださったそうで、せっかくおばあちゃんが買ってきたのに悪いことしちゃったと言って、帰ってきました。

めぐみが中学一年のときにも、やはりクラスに登校拒否ぎみのお子さんがいて、登校しても教室に入れず、保健室にいたりすると、担任の先生から「横田。ちょっと見てきてやれ」と声がかかるのだと言っていました。その子の話し相手をしたり、「大丈夫、大丈夫」となだめて教室に連れてきたりしたのだそうです。

人の役に立ちたいという気持ちが強く、そんな機会があるときは、一所懸命やっていた娘でした。

なれし故郷を放たれて……

わずか十三年の記憶しか残さず、めぐみは行方不明となってしまいました。しかし、その記憶は時の経過の中で凝縮《ぎょうしゅく》され、一つ一つが鮮やかに思い出されます。

めぐみは絵を描いたり、歌を歌ったり、本を読んだりするのが好きでした。

めぐみの絵は大胆と言うのか、水彩画を描くときも下書きなしで、サーッと自由に描いていって、私はそれがとても面白いなと思って見ていました。

歌は上手だったと思います。本格的な発声練習をしたことはありませんが、歌が好きで好きでしょうがなかったのでしょう。

名古屋のつぎに主人が東京に転勤して大森に住むことになり、引っ越しの後片づけで忙しかったとき、お隣にちょっと年配の奥さまがいらして、小さなめぐみを預かってあげましょうと言ってくださったことがあります。あとでその方が「この赤ちゃん、ものすごくリズム感がいいのね」と、おっしゃいました。めぐみをテーブルに掴《つか》まり立ちさせてテレビを見せていたら、音楽に合わせて上手に首を振っていたそうです。

その話を聞いたあと、気をつけて見ると、あの頃ＮＨＫでやっていた『ひょっこりひょうたん島』の音楽に合わせて足踏みをし、リズムに乗るので、ああ、歌が好きなのだと思いました。

めぐみは、しょっちゅう大きな声で歌っていました。私もよく娘と一緒に歌ったものです。めぐみは声が高く、私は低いので、ハーモニーでやっていました。

新潟小学校の卒業式の謝恩会で、めぐみたち六年生全員で、シューマンの『流浪《るろう》の民《たみ》』を歌いました。コーラス部に所属していためぐみはソプラノを独唱することになり、「高い声で大変なのよ」なんて言って、家で練習していました。あとで先生から「やっぱり、ここはあなたじゃなきゃ駄目だから」と言われて、やや難しいパートを歌うことになりました。

めぐみの独唱部分の歌詞はこういうところでした（〈〉は別の人が歌った）。

可愛《めぐ》し乙女《おとめ》舞い出でつ〈すでに歌い疲れてや〉
なれし故郷を放たれて　夢に楽土《らくど》求めたり

コーラス部の指導をしておられた斎藤邦《さいとうくに》先生が、それをテープに吹き込んでいてくださいました。めぐみがいなくなって一年ほど経った頃、長男が「お母さん、コーラスの斎藤先生が『辛いかもしれないけれど、お母さんがいいとおっしゃるのだったら、めぐみちゃんが独唱した歌のテープを記念に渡してあげてください』と言ってたよ」と言って、そのテープを持ち帰って来ました。

私はときどきそのテープを聞いては、とりわけ「なれし故郷を放たれて」の個所で堪《たま》らない気持ちになり、一人で泣いていました。

東京に転勤となってから、息子たちの新しい学校でＰＴＡのコーラス部に入れていただきましたが、めぐみがよく歌っていた『みかんの花咲く丘』や『埴生《はにゅう》の宿《やど》』『朧《おぼろ》月夜《づきよ》』を歌うたびに、胸が苦しくなりました。

めぐみは、本を読むのも好きでした。めぐみが小さいときに、よく手伝いに来てくれた私の母は、ほんの摑まり立ちをしていた頃から、めぐみが動物を描いた絵本に興味を示すのを見て、関心があるなら、早いうちから絵本を見せてあげたほうがいいと言いました。私が動物の絵本を二冊買ってくると、めぐみは大変喜んで、まだうまくしゃべれないときでしたから、「読んで読んで」と、表情豊かに催促しました。

そんなふうでしたから、私は、めぐみの小さなときから本の読み聞かせをしていました。初めは「桃太郎」などの昔話でした。めぐみは私の話を何回も聞いて、今度は自分がソックリそのままとしゃべりました。字もまだ読めないのに、前後を入れ替えたりしないで、丸暗記しているような感じでしゃべるので驚きました。

弟たちが生まれる少し前、私がお腹の大きい頃には『日本の民話』を読んでやりました。ちょっとずつ絵が入った本でした。「鬼の伝六」とか、いろいろ面白い話がありました。

その頃、おばあちゃんに貰った、めぐみのお気に入りの赤い頭巾を被ったお人形がありました。手足がブラーンとなる人形です。その人形を片方の手にぶら下げて、もう一方に『日本の民話』を持って、私のあとについてきて、「読んでくれ」とせがみました。全部読むのは、とても疲れましたが、めぐみは一所懸命聞いていました。

新潟に行ったときは小学六年生の二学期でしたが、卒業するときには学年で一番たくさん図書室の本を借りていたというほど濫読《らんどく》していました。少女コミックや、大人の読むような文学や探偵小説など、どんなジャンルのものでも読んでいたようです。

めぐみが長く続けたものにクラシックバレエがありました。これは三歳の幼稚園のときから中学までやりました。

初めは大森時代の幼稚園の仲良しが習っていて、そこのお母さまがレッスンを見に連れていってくださったのが、きっかけでした。踊っている姿が格好よく見えたのでしょう。帰って来ると「ミイちゃんもバレエをしたい」と言いだしました。めぐみは小さい頃、自分のことを「ミイちゃん」と呼んでいました。

「バレエのお稽古《けいこ》は大変なんだから、駄目駄目。下に男の子二人もいるんだし、レッスンに付き添っていけないよ」と反対すると、「絶対、一所懸命習うから」と何度も言い、私もレッスンの様子を見に行ったのですが、相当厳しそうでした。

めぐみは手先は器用でしたが、足を頭のところまで振り上げたり、ピターッと床につけたりすることなど、できそうもないと思いました。私は「やめたほうがいいよ」と繰り返しましたが、めぐみは、なおも「やりたい」と言い張り、私も根負けしてバレエを習わせることになりました。そのうち嫌になるだろうと思って見ていましたが、中学まで続きました。

広島に転勤したときは、森下洋子《もりしたようこ》さんが最初に習われたバレエ教室に通いました。その教室が広島では良い教室だから、せっかく習うのだったら、そこがいいよと推薦され、めぐみに聞くと、広島でも続けてやると言うので、そこで教えていただくことになりました。

週一回のレッスンはとても厳しいものでした。プロを養成する教室でもありましたから、礼儀作法なども厳しく躾けていただきました。先生はいつも細長い棒を持っていて、床をパンパーンと鳴らしながら指導をし、挨拶の仕方や行儀の悪いところも直してくださる方でした。

その教室では何年かに一回、大きな発表会がありました。一流の男性バレリーナを招き、教室のトップクラスの人が主役となって、『胡桃割人形《くるみわりにんぎょう》』や『眠《ねむ》りの森《もり》の美女《びじょ》』など本格的なものをやりました。めぐみもその他大勢の役を貰って二、三度踊りましたが、その他大勢とはいえ、いい加減なことは許されません。一人でもそろっていないと叱られました。

教室に迎えに行ったついでにレッスン風景を覗くと、かなりハードな練習ぶりでしたから、私は歌か何かをやらせていればよかったと思ったことが、何度かありました。

中学になってから始めたバドミントンは、バレエとは筋肉の使い方が全然違います。バレエでは柔らかくフワーッと動きますが、バドミントンでは瞬発力を使ってバーンと打たなければなりません。体力的にも両方は無理でしたから、バドミントンかバレエのどちらかを選ばなければならないということになりました。

バレエの先生は、ここでやめてはもったいない、とおっしゃってくださいましたが、結局、「私はバドミントン部に入ったから、もうバレエはいいよ」と自分で決め、事件が起きる三カ月前、八月の発表会を最後にバレエはやめました。

めぐみは、自分の将来について、こんなことを書いています。


現在、私は別に将来こうなりたい！　と言うような事は特別考えた事がない。だから勉強も意欲が出ないのかもしれない。なぜ本気になって将来の事を考えないのかと自分でも不思議に思う。振り返って見ると、なるほどそれにはそれだけの理由がある。私は小さい時、看護婦さんになりたいとか、お嫁さんになりたいとか、童話のような夢をいっぱい胸に脹《ふく》らませながら大きくなって来た。でも二年ぐらいたつと、いつも考えが変わってくる。お嫁さんから看護婦さん、そしてまた歌手へと……。それに気づいたのは五年の時だった……。こんな事があってから私は『また少したったら気が変わるだろう。』と思うようになった。だから今、私がいくらこうなりたいと思っても、三年五年とたつにつれて気も変わり、思っても見なかった方向に進んでいるかもしれないから、(私はこうなりたい!)とは言いきれない。しかし真けんに考えると言うのなら、小さい時のように見かけで決めるのではなく、自分の能力とも照らし合わせて考えなければならない。これはあくまでも私の理想だが、能力と夢と現実につながった将来にしたいと思っている。

(小学校六年生のときに書いた作文より)

小学校卒業を前にして、少し自分を客観的に見ることができるようになったのか、無邪気に将来の夢を語る時代を脱しつつあったようです。

めぐみは、まさに「思っても見なかった方向」へと無理やり進まされることになってしまいました。あのような理不尽な事件に遭遇《そうぐう》することがなかったら、めぐみはどんな女性になっていたのでしょうか。

飼い犬リリーのこと

めぐみは、小学六年生のとき、クラスの「飼育・栽培委員会」に所属していました。

草花や動物が好きで、幼い頃、ヘビだけは苦手のようでしたが、カエルやミミズも全然怖がらず、ほかの子たちは、キャーッ気持ちが悪い、ヤダヤダと言っているのに、めぐみは平気でミミズを手にのせて「可愛い」なんて言っていました。

大森に住んでいた頃は、可哀相だと言って、よく捨て猫を拾ってきました。行舎ですから犬や猫は飼えないので、庭の物置に段ボール箱で寝床をつくってやり、こっそり飼っていました。朝は走ってミルクをやりに行き、夜は少しのあいだ庭に出していたようです。本人は隠れてやっているつもりでも、行舎の方たちはちゃんと知っていて、夜中に猫がニャーンと鳴くと、翌日には「ミイちゃんがまた拾ってきたのね」ということになりました。

めぐみだけではなく弟たちも動物が好きで、三人は小さいときから、犬を飼おうよとか猫を飼おうよと言っていたのですが、銀行の行舎住まいでしたから、小鳥を飼うぐらいしかできませんでした。新潟では一戸建てに入ることになって、ここだったら犬が飼えるね、と子どもたちと話していたのですが、転勤族の私たちにはペットを飼うことは無理でした。

そうこうしているうちに、めぐみの事件が起きてしまいました。息子たちは口に出して言いませんが、お姉ちゃんのことを気にして、しょんぼりしています。主人と私は、犬を飼えば、そちらに気持ちが向くのではないか、少しは気が紛れるのではないかと思い、思いきって犬を飼うことにしたのです。

どんな犬がいいかということになって、息子たちが本を買ってきました。当時はシェットランド・シープドッグという犬が流行《はや》り始めた頃で、写真の中でもその犬が一番可愛いらしいということで、選びました。

私と息子たちは、主人の銀行の同僚の方に紹介してもらったペット・ショップに行って、元気そうな雌《めす》の子犬を買ってきて、リリーと名前を付けました。クンクン鳴きつづけるので、私は、親犬の代わりに目覚まし時計をタオルにくるんで犬小屋の中に置いてやりました。

とても甘えん坊の犬で、大きくなっても、私たちの布団の足のほうに敷いてやったタオルの上で寝るという具合でした。ことに主人はリリーを可愛がり、毎日リリーを連れて、めぐみの手がかりを探しながら海岸や護国《ごこく》神社の辺《あた》りを散歩しました。

リリーは、ふさふさとした毛足の長い犬で、散歩をしていると、女の人や子どもたちが「きれいな犬だね」と言って必ず撫《な》でてくれました。犬のほうでもそれが分かっていて、撫でてもらおうと一所懸命、尻尾を振りました。そんな愛嬌のある犬でした。犬のコンテストに出して、「六カ月未満全犬種」の部門で二位になり、大きなメダルを貰いました。家の中でメダルを貰ったのはリリーだけだと言って、笑い合ったものでした。

東京へ転勤するときには、住まいの関係で、もう犬は飼えなくなるだろうと思っていました。欲しいという方もあったのですが、幸いなことに、世田谷の一戸建ての家が空いていて、そこに入れることになり、リリーも一緒に連れてきました。この世田谷時代がリリーの一番元気な頃で、主人と散歩に出ると二時間ぐらい歩きまわっていました。

めぐみは猫も犬も好きでしたから、もう少し早く飼ってやればよかったとつくづく思い、この犬がいるうちにめぐみが帰って来るといいね、と家族で話していました。けれどもリリーは十歳を過ぎた頃からだんだんと弱っていって、足の裏に怪我をしたり、耳に湿疹《しっしん》ができるようになりました。そして東京のつぎに転勤となった前橋に住むようになった頃から、かなり弱くなって毛並みも悪くなってきました。

十五歳になってまもなく、背中にコブのようなものが出来て、放っておくと歩けなくなると言われて切ってもらったのですが、かえってあちこちに転移してしまいました。しまいには膀胱《ぼうこう》の裏側の皮膚も硬くなって、おしっこが出なくなったり、お腹をこわして血便が出たりと、あのときのことは思い出したくないほど可哀相でした。結局、主人が退職してから三カ月ほどで死にました。最後は家族がつききりで看病したのですが、それが寿命でした。

それでもその犬と一緒にいた年月は十五年七カ月もあって、めぐみと暮らしたのは十三年でしたから、リリーと暮らした時間のほうが長かったのです。私たち家族は、帰って来ためぐみがリリーに会えればいいと念じていましたが、結局実現しませんでした。

きょうだいの絆

めぐみに双子の弟たちが生まれたのは、私たちが大森に住んでいたときです。めぐみは幼稚園に通っていました。幼稚園の友だちには妹や弟がいる子が多く、めぐみは「赤ちゃんが欲しい、赤ちゃんが欲しい」と言っていました。

近所の鹿島《かしま》神社の前で通園バスに乗り降りしていたのですが、帰って来るのを迎えに行くと、バスから降りるなり、「ミイちゃんは、赤ちゃんをお願いして来るんだ」と言って、神社に走って行って、「ミイちゃんに、赤ちゃんをください」と手を合わせていました。

それほど、きょうだいを欲しがっていたところへ、一度に二人の弟が出来たのですから、めぐみは大変な喜びようでした。私は病院からすぐには帰れませんでしたが、あとで聞くと、行舎の庭を「ミイちゃんのとこ、赤ちゃんが二人生まれたんだよ」と、大きな声で言って歩いていたそうです。

私がまだ病院にいたときのことです。病室で私が寝ていると、「ママーっ」と言って、めぐみが入ってきました。

「あらっ、お父さんと来たの？　お父さん、今日は休暇だったの？」

「違う。マリちゃんと来た」

「マリちゃんて、誰？」

そう私が聞いたとき、「すみません。はじめまして」と言って、若いお嬢さんがベッドのそばに来て挨拶をしました。マリさんというのは、行舎のお隣の奥さまの妹さんでした。たまたまお姉さんの家へ遊びに見えていて、仲良しになっためぐみでした。

「ミイちゃんが、ママのところへ行くんだと言って連れてきてくれたんですけども、心配だったんです。本当に遠いのに、病院の場所をよく覚えていたわ」

行舎は京浜東北線の大森駅から大井町駅方向に少し歩いたところにあって、病院はそれよりずっと大井町に近いところにありました。子どもの足だと、二十分ぐらいかかったでしょうか。マリさんは、めぐみと手をつないで、沿線をずっと歩いてきてくださったのです。それまで主人に連れられて、娘は何度か病室に来ていました。もちろん、一人で行ってはいけないと私の母に言われていたので、お隣のお姉さんを連れて来たのでしょう。

私は突然、見知らぬお嬢さんに挨拶されて、びっくり仰天してしまいました。お隣でも、マリさんが一体どこに行ったのかと、ずいぶん心配していたそうです。

めぐみは、ママにも会いたい、念願の弟たちの顔も見たいという一心で、歩いて来たのでした。今、私は、めぐみが病院へ歩いて来た沿線を電車でよく通る生活になり、窓外のその道を見ながら、髪を両方にリボンで結わえためぐみが、嬉しそうにマリさんと手をつなぎ、急ぎ歩いている姿を思い浮かべ、胸が痛くなってしまうのです。

めぐみと弟たちは本当に仲が良かったと思います。

長男は、小学生の頃はバイオリンを習っていましたが、中学に入るとバドミントンを始め、大学まで続けました。次男のほうは中学から水泳を始め、同じく大学まで続けました。運動を始めたのは、めぐみの影響だったと思います。

長男は、めぐみが北朝鮮にいると分かったその年（平成九年）の十月に結婚しました。披露宴には、生きていることが分かっためぐみの席を設けて、料理もその分を運んできてもらいました。めぐみが座っていない席に、私たちはさまざまな思いを巡らせました。

めぐみの消息が分かったとき、その頃、会社の奈良支店に勤務していた次男は、仕事中に車を運転しながら、「お姉さん、可哀相だなあ」と思うと泣けてきて、涙で目がかすんで前がよく見えなかったと言っていました。

それまでは、どんなに泣きたくても、息子たちは我慢していたのでしょう。私が精神的に参ってしまい、泣きながら夕飯の仕度をしていたときなど、「お母さん、暑いでしょ、暑いでしょ」と言って、二人が両方からウチワで扇《あお》いでくれたこともありました。

私は息子たちに、「お姉ちゃんのこと、どういうことだと思う？　お母さんには分からないわ」とよく言っていました。もちろん子どもたちには答えようもなかったはずですが、大学生ぐらいになって判断力がついてくると、「遺留品も出てこないし、目撃者も現れないまま、こんなに長いあいだ行方が分からないってことは、何か大きな動きの中に巻き込まれたとしか思えないよ。お母さん、絶対にそうだよ」と言うようになりました。

拉致事件が発覚してから長男は、インターネットを使って、「これほど恐ろしいことが起きていたのに、二十年間にわたって日本政府は何をやっていたのだろう」という意味のメールを、橋本龍太郎《はしもとりゅうたろう》首相（当時）や小渕恵三《おぶちけいぞう》首相、高村正彦《こうむらまさひこ》外務大臣、それにクリントン大統領に宛てて送っているようです。ずいぶんと厳しい調子で書いていますから、あなたはまだ若いのだから、そんな偉そうな言い方をしちゃいけないよ、と言ったこともあります。

外務省のアジア局長加藤良三《かとうりょうぞう》さん（当時）から電話をいただいたとき、加藤さんは「息子さんから、ご丁寧にメールをいただきました」とおっしゃいました。相当な檄《げき》文《ぶん》で、「ご丁寧」どころではありませんから、こちらは恐縮して、「失礼なことばかり申しあげております」と言いましたが、ああ、息子のメールを読んでおられるのだなあと思いました。

小さなときから事件については黙っていた息子たちの中で積もりに積もった憤りは、それだけ激しいものがあるのでしょう。これは、めぐみと同じく北朝鮮に拉致された方々のごきょうだいに共通する思いです。年を召したご両親に代わって、きょうだいの方たちは、家族の救出を熱心に訴えておられるのです。

しかし、こういう体験をして有り難かった、という言い方は変ですが、息子たちは普通の家で、何事もなく楽しく暮らしてきたお子さんよりは辛い思いをしてきましたから、物事を深く見るようになったのではないかと思います。二人が精神的に鍛えられたという意味では、めぐみの事件の全部が全部マイナスではなかったと、せめて私はそう思いたいのです。

「おじいちゃん、一人でも寂しがらないでね」

辛かったのは家族だけではありませんでした。ことに北海道で暮らす主人の父や、めぐみのことをわが子のように思ってくれ、めぐみのほうも「おじちゃん、おばちゃん」と慕っていた京都に住む私の兄夫婦の心痛もまた、一通りのものではなかったと思います。

私の父は私が中学生のときに亡くなっており、主人の母と私の母も、めぐみがいなくなる前に亡くなりました。京都の母には、めぐみが小さな頃によく面倒を見てもらいましたから、今、もし健在で、このような事態を知ったなら、どんなに苦しみ悲しんだことでしょう。それは、私の母と同じ頃に亡くなった主人の母も同様です。

主人の父は大学で漢文を専攻し、北海道で国語の先生をしていました。短歌の本などもずいぶん残しています。定年後は、本州にいる子どもたちを訪ねがてら、年に一度、柳田国男《やなぎたくにお》の『遠野物語《とおのものがたり》』の岩手県遠野など、文学にゆかりの地を旅行するのを楽しみにしていました。ちょうど、めぐみがいなくなる一カ月前、昭和五十二(一九七七)年十月に、義父《ちち》は鈴木牧之《すずきぼくし》の『北越雪譜《ほくえつせっぷ》』を持って新潟にやって来ました。その帰りを新潟空港に見送りに行ったのが、めぐみとの最後の別れとなりました。

その二年前に主人の母が亡くなりましたが、そのとき私たちは札幌の葬儀に出かけ、四日ほど主人の実家に泊まりました。めぐみのいとこたちが集まって賑やかにやっていましたが、朝になると、めぐみは一人で除雪の手伝いをしていました。雪かきなど初めての体験でしたから面白かったのでしょう。

私たちが帰る日、車が迎えに来て、義父が玄関に出てきました。みんなが車に乗り込んでいると、めぐみは「おじいちゃん、バイバーイ」と言って車に向かいました。すると、めぐみは、もう一度、玄関のところへダーッと走って行って、おじいちゃんの腰に抱きつきました。

「おじいちゃん、一人になるの？　でも、寂しがらないでね。頑張ってね」

めぐみが涙声でそう言うと、義父はホロホロと泣きました。

義父は最期《さいご》まで、めぐみの身の上を案じていましたが、めぐみが北朝鮮に拉致されたと知らされてから二カ月のち、平成九（一九九七）年三月二十六日、九十三歳で亡くなりました。その前の年から具合が悪くなって、冬に入ると苫小牧《とまこまい》で医者をしている主人の弟の病院で療養していたのですが、やはりめぐみのことでショックを受けたのだと思います。

私と主人は、めぐみの拉致事件発覚で俄《にわか》に身辺が慌ただしくなって、臨終には立ち会えず、かろうじてお通夜に間に合いました。

最期を看取《みと》った主人の兄妹たちの話では、義父は亡くなる前に「戦争から帰ってきた兵隊さんは大事にしてあげないといけない」と言い、みんなは最初、それがどういう意味なのか分からなかったそうです。主人は終戦のときに中学一年でしたし、義父も、主人の兄や近い親戚の人たちの中にも戦争に行った人はいません。それで、「戦争から帰ってきた兵隊さん」というのは、海の向こうにいるめぐみちゃんのことに違いないと話し合ったとのことでした。

私も主人も、きっとそういう意味だったと思いました。二十年ものあいだ行方不明だった孫娘が北朝鮮にいると聞いた義父はとっさに、危険な「戦地」を連想したのでしょう。

めぐみを可愛がってくれた義父にとって、その知らせがいかに残酷で辛いものだったか、その心境を慮《おもんぱか》ると、気の毒で気の毒でなりません。そして、無事日本に戻ってきためぐみの将来にまで思いを致してくれた義父の言葉には、無限の愛情がこめられていたと思うのです。

第三章　手がかりを求めて

ニセ誘拐犯からの電話

めぐみが失踪《しっそう》して以来、今日まで、主人と私は、親としてできるだけのことはしたい、何とか私たちの手で娘を見つけだしたい、と考えない日はありませんでした。「お父さん、お母さん、何で捜《さが》してくれないの」と、いつもめぐみに言われているような気がしていました。

私はめぐみが北朝鮮にいると知るまで、あまりに何も手がかりがないため、めぐみは自分の意思で家を出て、きっとどこかで生きていてくれるはずだと信じてきました。そして私は、もしも自発的に出て行ったのなら、その原因は一体何だったのかと考え、可能性のありそうなものは全部当たってみました。

いなくなる少し前、夏休みのことですが、めぐみは主人と一緒に『ラスト・コンサート』と『カサンドラ・クロス』という洋画の二本立てを観にいきました。『カサンドラ・クロス』のほうは、アクション映画と言うのかパニック映画と言うのか、そういう種類の映画でしたが、『ラスト・コンサート』は、主人公の女性が白血病で死んでしまうというストーリーで、めぐみはお友だちから、とてもいい映画だから観にいったらいいよ、と勧められたようです。下の息子たちはマンガ映画がいいと言うので、私は二人を連れて、それらを観にいきました。

私は、めぐみが家に帰ってくるなり、『ラスト・コンサート』はすごくよかったと言って感激していたことを思い出し、もしもめぐみが家出をしたのなら、『ラスト・コンサート』のストーリーの中に、その動機のようなものが見つかるのではないかと思って、一人でその映画を観にいきました。

場末のバーのピアノ弾《ひ》きに落ちぶれたピアニストが、余命いくばくもない白血病の少女と出会い、その少女の生き抜こうとする姿に打たれて、自分を取り戻すというラブ・ストーリーでした。とても芸術的で美しい映画で、バックに流れる音楽もきれいでした。ああ、これはやはり思春期になりかけの少女が感激しそうな映画だなと思って、しかし、めぐみの家出の原因になりそうな要素はなく、少し安心して映画館を出ました。

前にも書いたように、めぐみは小さな頃から絵を描くのが好きで、少女漫画風のイラストが上手でした。めぐみの部屋を探すと、イラスト専門学校の案内書が出てきたので、早速その学校に照会《しょうかい》しましたが、該当する生徒はいませんでした。ことによると、少女漫画家の方のもとに身を寄せて、漫画家の修行をしているのではないか、とも思いました。私は本屋さんに行くと、少女漫画の雑誌を開いては、めぐみが描いていた絵に似た漫画はないかと探すようになり、以来、それが私の習慣になりました。

めぐみの失踪から二カ月余り経《た》った昭和五十三（一九七八）年の一月のことでした。私たちの悲しみに追い討ちをかける酷《ひど》い事件が起きました。

その日のお昼少し前、十一時過ぎだったと思いますが、「横田めぐみさんのうちですか」と言って電話がかかってきました。「はい、そうです」と答えると、「めぐみさんは僕が預かっている」と言うので、私はびっくりして、足がガタガタ震えだしました。

めぐみはこの男に誘拐されていたのか。男の言葉を聞いた瞬間、私は驚くとともに、これで、ようやく娘の居所が分かるのだという希望が涌《わ》いてきました。

その頃には電話の録音装置もはずされ、警察の方はうちから引き揚げていましたが、家には風邪をひいて学校を休んでいた次男がいました。私は電話の男に向かって「ちょっと、お待ちください」と言ってから、次男を手招きして、「犯人から電話。ケイサツに連絡タノム。トナリのおばあちゃまに渡して」とメモに書いて渡しました。

次男は熱があって寒かったのでしょう。パジャマの上に何か着ようとしていたのですが、私は「早く行きなさい」と目くばせして、息子を急がせました。それでも気配で分かったのか、「そこに誰かいるな」と電話の男が言うので、「小さな子どもが病気で、学校を休んで寝ているんです」と言いました。「小さな子」だと何度も強調すると、男は「そうか」と言って納得したようでした。

次男の知らせで一一〇番通報をしてくださったおばあちゃまが、そっと家に入って来られました。めぐみと仲良しだったお嬢さんのお母さんが、事件のあとよく家を訪ねてきてくださったのですが、その方もたまたまその日に来てくださり、二人は私のそばに座って、ずっと話のやりとりを聞いていてくださいました。

主人は勤めに出ていましたから、お隣のおばあちゃまとそのお母さんが一緒にいてくださったことは、私にとってどんなに心強かったかしれません。

まもなく警察の方が逆探知の器械を持って入ってくると、静かに録音装置を取り付けました。

警察の方はしきりに「会話を延ばすように。頑張れ、頑張れ」というサインを送ってきました。逆探知に時間がかかることはすでに警察の方から聞いていて、もしも誘拐犯から電話がかかってきたら、どんなふうに話を引き延ばすかを教わっていました。たとえば身代金受け渡しの場所がよく分からないと言って、相手に詳しく説明させるように、とのことでした。

しかし、男はまだ身代金を出せとは言いません。私は必死で言葉を探しました。

「あなたは、おいくつぐらいなんですか」

「年齢なんか、どうでもいい！」

怒鳴り声でそう言われると、恐ろしさと緊張で声がうわずってきましたが、私は何とか震えを抑えて男に話しかけました。めぐみはどこにいるのかと尋ね、めぐみの特徴を聞きました。男はそれに対して、新潟の駅前でめぐみと出会ったとか、めぐみを蕎麦屋《そばや》で働かせているとか、かなり具体的に答えました。

刑事さんのほうを見ると、なおも「引き延ばすように」とのサインでした。

「あなたは、まだお若い方だと思いますけれど……何でそんなに若い身で、警察に追われるようなことをなさるんですか」

「人間はおおっぴらに生きられるほうがいいでしょう。めぐみのことが本当に好きなら、お嫁さんにあげるから、みんなで一緒に仲良く暮らしませんか」

私がそんなことを言うと、男はだんだんとしんみりしてきたようで、声も少し穏やかになり、こちらの質問にも答えるようになりました。しまいに、今夜九時に、五百万と言ったか八百万と言ったか、よく覚えていないのですが、それだけの身代金を用意して近くの日和山《ひよりやま》海岸に一人で持って来いと言いました。

私は、何とかお金の都合をつけて、必ず行きますと約束しました。

電話がかかってきてから、一時間ほど経っていました。一時間というのはあとで分かったことで、私はそれほど時間が過ぎたとは思いませんでした。

その間、警察では男が電話していた自宅のマンションを突き止め、幸いドアが開いていたので部屋に踏み込んで、男が受話器を置こうとした瞬間に現行犯逮捕することができました。電話の周りにはめぐみの事件を報じた新聞記事がひろげてあって、男はそれを見ながら話をしていたとのことでした。

逮捕の知らせを受け、刑事さんから「よくやったね」と言われたとき、私はグターッと力が抜けてしまいました。その一方で私は、あとはこの犯人から、めぐみの居場所を聞き出すだけだと、ホッとするような思いもありました。

犯人は高校生でした。私は声の感じから二十六、七歳か、あるいはもっと年上の男性だと想像していたので、意外でした。事件の報道を読んで、いたずらをしてやろうと思い、誘拐犯を装って脅迫電話をかけたと自白したそうです。

けれども、その高校生は電話の中で、具体的にお蕎麦屋さんの名前をあげて、そこでめぐみを働かせているとまで言ったのです。実際にそういう名前のお蕎麦屋さんがあるとのことで、うちにいた刑事さんがすぐに中央警察署に連絡をとって調べてくださり、結局そんな事実はないと判明したのですが、それでも私は釈然とせず、その高校生とめぐみの失踪とは何かつながりがあるかもしれないから、徹底的に調べてくださいとお願いしました。

警察のほうでも、一週間か十日間、高校生を勾留して厳しく取り調べたようですが、やはり誘拐については完全に「シロ」でしたと連絡がありました。「もしかしたら」

という思いが強かっただけに、私は警察からの知らせを聞いて心底打ちのめされ、ポロポロと泣きました。

犯人の高校生は一人っ子で、両親が共働きということもあって、いつも一人ぼっちで寂しかったのでしょうか、あとで刑事さんから、「みんなで一緒に仲良く暮らしませんか」なんてことは、今まで言われたことがなかったと言って涙を見せ、しんみりしていたと聞きました。しかしその後、その高校生や親が謝りに来ることも、謝罪の手紙を寄越すこともありませんでした。

めぐみに似ている！

私たちは、あらゆる手を尽くして、めぐみを探し、少しでもめぐみにつながる情報があれば、飛んでいきました。

ワイドショー番組のなかに「尋ね人」というコーナーがあって、行方不明となった人をテレビを通して探すという内容ですが、新潟にいるあいだ、そこにも四回ほど、めぐみの写真を持って出演したことがあります。『小川宏ショー』、『溝口モーニングショー』に二回、それから『ルックルックこんにちは』です。リポーターの人が家に来て、いろいろ話を聞いていきました。あとで嘘だと分かったのですが、脅迫電話をかけてきたニセ誘拐犯の高校生も、この「尋ね人」の番組の一つをめぐみと一緒に見たと言っていました。

しかし、いずれの番組でも情報はまったく入りませんでした。

また、新潟にいた頃、年に一度、八月の半ば、ちょうどお盆の時期に、警察が公開する身元不明者の遺体の写真を見に行きました。行方不明者を探す強化週間みたいなことだったのでしょう。めぐみの場合、指紋も採取したりして、細かい情報が警察の手元にあって見逃すことはないだろうけれど、親の目で見てほしいと言われました。

全国各地で見つかった遺体の写真が、警察署の奥にある和室の机の上にどんと置いてあって、その中から若い女性のファイルを一枚一枚見ていくのです。最初の年は全部の写真を見て、めぐみに似た丸顔の女性の写真にハッとしたりしたのですが、私は怖くて怖くて、それ以上は耐えられず、つぎの年からは遺留品の写真を見るだけで、遺体の写真は主人に任せました。

何度目かに警察に行ったとき、係の方が、「こちらでも一所懸命捜査していますし、辛いでしょうから、もう無理してご覧にならなくていいですよ」とおっしゃってくださいました。

あれは本当に恐ろしく、辛い体験でした。それでも何か分かるかもしれないと思い、私は主人と二人で毎年、警察署に足を運んだのでした。

主人も私も、街を歩けば、どうしてもめぐみと同じ年頃の娘さんに目が行きました。新聞に載った写真の中に、めぐみと似た感じのお嬢さんを見つけると、別人だろうと思いながらも、新聞社にお願いして確かめてみずにはいられませんでした。一枚は初詣の写真、もう一枚は、エプロン姿の花屋の店員さんの写真の中に、めぐみとよく似た女性が写っていたことがありました。新聞社に事情を説明すると、親切にその写真を拡大して送ってくださいました。子細に見たのですが、めぐみではありませんでした。

主人は東京のつぎは前橋に転勤になりましたが、その前橋時代にこんなことがありました。平成元（一九八九）年の春のことでした。

私と主人は、美術館に展覧会を見に行き、その帰りにお蕎麦屋さんに寄りました。その頃は二、三時間ぐらいは二人で出歩くこともたまにありました。

そのお蕎麦屋さんのテーブルの上に『月刊上州《じょうしゅう》っ子《こ》』というタウン誌が置いてあ

ったので、何げなく手に取ると、「ボウリングレディ'89決定」と題したページがありました。ボウリング場の団体が主催するミス・コンテストの関東各県代表が決まったという記事で、群馬県代表となった五人の女性は顔写真だけでなく、水着姿と普通の洋服を着た写真が載っていました。

その中の一人で、少し大柄な女性の顔と全体の感じが、めぐみにとてもよく似ていました。

主人はそれまで私が、丸顔でおかっぱ髪の女性を見れば、誰でもかれでもめぐみに結びつけると言って怒っていたのですが、私が「この人、似ていない？」と言うと、初めて「似ていると言えば、似ているかなあ」とうなずきました。

記事には、その五人は東京の品川プリンスホテルで開かれる本大会に出場するとあり、日付が書いてありました。私は本大会に行って、確かめようと思いました。

開会式は午前十時十五分から始まるとのことでしたが、私はそれより三十分前に会場に入り、前から二列目の中央に座って、その方が出てくるのを待ちました。たぶん違うだろうとは思いましたが、もしもめぐみだったら、私と目が合ったとき、どんな顔をするのかと、そんなことを考えながら、じっと舞台を見ていました。

その方が現れたとき、本当によく似ているけれど、やはりめぐみではないと、すぐに分かりました。それでも、とても懐かしい気がして、あの子もあんなふうに大きくなっていればいいと思いました。

大会が終わったあとで、受付の方に理由を話し、群馬代表の某さんとちょっとお話しさせてくださいと頼みました。その場で話すのは無理とのことでしたが、電話番号を教えていただき、私はつぎの日、前橋に戻るとすぐに、お宅に電話をしました。

たまたまそのお嬢さんが電話に出たので、実は娘を探しているのだけれど、うちの娘にとてもよく似ているので、東京まで行って大会を拝見し、電話番号を聞きましたと言うと、本当に残念ですが、私は群馬県の生まれなんです、とおっしゃって家族構成まで説明してくれました。「頑張ってください」と言って、その方は電話を切りました。

私はそこまでして、一つ一つ確かめないではいられませんでした。あとから、あれはやっぱり、めぐみだったのかもしれないと後悔したくなかったのです。

数年前にも、やはりめぐみによく似た顔に出合いました。それは肖像画に描かれた少女の顔でした。平成六（一九九四）年、事件からもう十七年が過ぎていました。

私たちはその三年前から川崎に住み始めました。ある日、新聞の神奈川版を見ると、関内の「トーヨコかなしんギャラリー」で、ある女流画家の方の個展が開かれるという案内が出ていて、その方の絵が載っていました。おかっぱ髪で切れ長の目をした日本人形のような少女と花を描いた日本画でした。

見れば見るほど、その少女はめぐみに似ていました。主人はその前の年に定年退職となっていましたから、私は主人と二人でその日のうちに関内に出かけました。実際の絵を間近に見ると、表情までよく似ていました。

六十年配のその女流画家の方がギャラリーにいらしたので、こういう事情で娘を探していて、今朝の新聞で絵を拝見したのですが、娘はどこかで記憶喪失にでもなって、モデルをしているのではないかと考えて見ていました、と話しました。その方は非常に驚かれて、「残念ですが、この絵のモデルは、茶道を教えている私の娘のお弟子さんの一人です」と言われました。そして、そのお弟子さんの身元も、はっきりしていますとおっしゃいました。

この女流画家の方は、その後めぐみが北朝鮮に拉致されたという報道が出たとき、丁寧にお手紙をくださいました。あのときのことを覚えています、頑張ってくださいと励ましの言葉が書いてありました。あれから二年以上も経っていたので、私たちはびっくりし、恐縮してしまいました。

そんなふうにして二十年間、違うと分かっていても、めぐみに似た女性を見ると、追いかけずにはいられなかった私は、どんなに親しい方に招待されても、結婚式に出席することができませんでした。どうしても、めぐみの面影を新婦さんの上に重ねて見てしまい、辛くなるからです。

私たち夫婦は、一所懸命育ててきためぐみの思春期も、親にとっては最も喜びであるはずの花嫁姿も見る機会を与えられなかったのです。

外国に連れ去られたのか

大昔の話ならいざしらず、これほど情報が溢れている日本で、ある日突然姿を消した少女の行方を知る手がかりが全然出てこないというのは本当に不思議なことでした。大人が蒸発したのであれば、自らの意思で長期間、人目を逃れて生活することもできるでしょうが、十三歳の少女は自活する術《すべ》さえ知らないはずです。仮《かり》に犯罪に巻き込まれたとして、人里離れた山奥で起きたわけではないのですから、まったく人に気づかれないということがあるのだろうかとも思いました。

　私たちは毎日、何か手がかりはないかと新聞の隅々まで目を通しました。

　事件から二年と少し経った昭和五十五（一九八〇）年一月七日のことでした。近所の方が、こういう記事が載っていると言って『サンケイ新聞』を持ってきてくださいました。主人と二人でそれを読んだ私は、瞬間的に、これかもしれないと思いました。

「アベック3組ナゾの蒸発」「53年夏　福井、新潟、鹿児島の海岸で」「富山の誘かい未遂からわかる　警察庁が本格調査」「外国情報機関が関与?」「同一グループ　外国製の遺留品」「戸籍入手の目的か」。一面のトップに、こういう見出しが載っており、行方不明となった方々の写真とともに、事件の詳細が報じられていました。

　のちに分かったのですが、この記事を書いたのは、産経新聞社会部の阿部《あべ》雅美《まさみ》記者（現大阪支社編集局次長兼社会部長）で、日本海沿岸を中心に起きた何件かの蒸発事件には「外国の情報機関が関与している疑いが強い」と初めて書いた方でした。

　一月八日、九日にも蒸発事件に関する続報が詳しく掲載されました。

　蒸発した三組のアベックとは、いずれも昭和五十三（一九七八）年、めぐみの事件が起きた翌年の七月から八月にかけていなくなった福井県小浜《おばま》市の地村《ちむら》保志《やすし》さんと浜《はま》本富貴恵《もとふきえ》さん、鹿児島県日置《ひおき》郡の市川修一《いちかわしゆういち》さんと増元《ますもと》るみ子さん、そして新潟県柏崎《かしわざき》市の「中央大学三年生」と「美容師」、とありました。のちに知りましたが、名前が出ていなかった柏崎の中央大学生は蓮池薫《はすいけかおる》さん、美容師とは化粧品会社の美容指導部員だった奥土祐木子《おくどゆきこ》さんのことでした。みなさん、二十代でした。

あとでそのいきさつを書きますが、平成九（一九九七）年三月に、この方たちの親御さん、ごきょうだいとともに「『北朝鮮による拉致』被害者家族連絡会」を結成することになって、主人がその代表となりました。

昭和五十五年の記事の話に戻ります。新聞のリードにはこう書いてありました。

裏日本の海岸部、福井、新潟、鹿児島の各地でナゾの連続アベック蒸発事件があり、男女六人が失踪していることが警察庁の調べで判明した。事件は、富山でのアベック誘かい未遂事件を端緒にあきらかとなったもので、発生は五十三年夏の四十日間に限られており、同庁は六日（一月六日）、この連続蒸発及び誘かい未遂事件が同一犯によるものと断定した。犯行はきわめて計画的で広域にわたるが、富山の現場に残された犯人グループの遺留品が、国内では入手不能なことや、失踪当時、現場に近い沿岸でスパイ連絡用とみられる怪電波の交信が集中して傍受されていることなどから、外国情報機関が関与している疑いも強く出ている。

事件発覚のきっかけとなった誘拐未遂事件というのは、富山県高岡市《たかおか》に住む婚約中の男女が日本海沿岸の島尾《しまお》海岸で泳いだあと、不審な四人組に誘拐されそうになった事件でした。この方たちも二十代でした。

二人は親類の方たちと海岸にゆき、午後五時頃、気をきかせた親類の方が引き揚げたのち、しばらく二人で泳いだあと、午後六時半頃、四人の男に襲われたのです。

四人は、すれ違いざまに二人を襲って押し倒し、男性を後ろ手にして手錠をかけ、足をヒモでしばり、口にタオルを詰め、さらに特製のサルグツワをはめたうえで、頭からすっぽり布袋をかぶせ、女性も後ろ手にしばり、サルグツワをして、同じく布袋をかぶせたのでした。

四人組は二人を担ぎあげて近くの松林に運んで転がし、カムフラージュのために松の枝をかぶせたそうです。「襲撃は、きわめて事務的で、素早く、四人の任務分担もはっきりしていた、という。四人組は二つの袋を前に、じっと、〝何か〟を待っていた」と記事にはあります。

この間、二人は四人の会話を一度も耳にしておらず、ただ、女性に「静かにしなさい」と一言いっただけだそうです。三十分ほどして、近くで犬の鳴き声がすると、四人は姿を消し、男性が袋をかぶったままウサギ跳びをして、約百メートル離れた民家にたどりつき、体当たりをして助けを求めました。

四人の男はいずれもステテコに半ソデシャツ姿で、ズック靴を履《は》いており、年齢は三十五、六歳、赤銅《しゃくどう》色に日焼けして逞《たくま》しかったそうです。

私は記事を読んで、こんなに大きい人が連れていかれるなら、十三歳の子どもなんて、二、三人でわけなく連れていけるはずだと思いました。

夏の海は穏やかで、めぐみがいなくなった十一月の海は少し荒れていた。事件の被害者はすべて二十代の男女だった——そういう違いはありましたが、皆さんがいなくなったのは夕方から夜にかけてですし、中央大学生とガールフレンドの方の事件は、同じ新潟県の柏崎市の海岸で起きています。また、三つの事件はみな、たとえば水死などの事故の可能性についても大規模な捜索をおこないながら、遺体が見つかっていないと記事にあって、それもめぐみの事件と似ていました。

私はその新聞を持ってすぐに『産経新聞』の新潟支局に行き、支局長さんにお会いして、うちの子も、手を尽くして探しているのですが、まったく行方がわかりません。ひょっとして、これと同じことがわが子の身の上に起こったのではないかという気がするのですが、どう思われますか、と伺いました。

支局長さんはじっと考えておられましたが、「年齢が違いますし、蒸発事件はアベックの方ばかりですから、ちょっと違うんじゃないですか」とおっしゃいました。その朝、新聞記事について主人と話し合ったのですが、主人も支局長さんと同じ意見でした。記事では、この方たちの戸籍を手に入れ、何らかの工作に利用する目的だったのではないか、と推測していますが、仮に日本人の旅券をとりたくて、戸籍を入手するのが狙いだったにしても、めぐみはまだ十三歳ですから、親のサインがなければ旅券は発給されません。今ほど北朝鮮のことがわからなかったときですから、主人は常識的に考えて、めぐみの失踪はこれらの事件とは関係ないだろうと判断していたのです。

私は支局を出ると、その足で新潟中央署にも寄って、自分の考えを話しました。しかし、警察でも、年齢などからして違うだろうとの答えでした。

私は、これで一つの可能性が消えてしまったと思い、しょんぼりして帰ってきました。

もちろん、このとき「外国の情報機関」というのが、北朝鮮の工作員だなどと知る由《よし》もなく、ただ、めぐみの事件と同様の不可解さがありましたから、もしかしたら関係があるのかもしれないと直感しただけでした。

めぐみが北朝鮮にいると知らされたあとで考えたことですが、新潟にいた頃から、北朝鮮の影はちらちらしていたのかなあと思います。しかし、当時の私は北朝鮮がどんな国か深く知りませんでした。

めぐみの失踪事件は私たち一家が新潟に来て一年三カ月後に起きたので、新潟のことはまだ不案内でした。けれども新潟に長く住んでいた方が「これは警察では分からないことかもしれない」とおっしゃったことがありました。そのときは、どういうことなのか意味がよく分からず、私たちは警察を信じていましたから、「警察の方にお任せしてあります」と言いました。今思えば、それは北朝鮮のことを暗示していたのかもしれません。しかしその方も、特別な根拠があって、おっしゃったわけではないのでしょう。

北朝鮮と言えば、私たちが新潟を離れる少し前に、めぐみに関する悪質な噂が流れました。めぐみは北朝鮮に連れて行かれたが、頭がおかしくなって戻された。今は市内の某精神病院に入院している。そういうデマが広がったのです。

新潟のデパートに買物に行ったとき、子どもの友だちのお母さんに会いました。その方は私のところに飛んでくると「横田さん、めぐみちゃんが見つかって、本当によかったねえ」とおっしゃるので、私はびっくりしました。「えーっ！　どこにいるんですか」と聞くと、その方は「あっ、違うんですか。こんなことを言って悪かったかしら」と驚いておられました。そこで私は初めて、そんな噂が流れていることを知ったのです。

もちろん、めぐみは戻ってなどいませんでした。私はその噂の出所をたどり、六軒目まで突き止めることができましたが、結局はっきりしたことは分かりませんでした。冗談にしては悪質でした。もしもその噂を信じていたら、たとえめぐみを見かけた人がいても、警察に届けるのを躊躇《ためら》うでしょう。

どんな情報でもいいから欲しいと思っていた私たちには、興味本位の噂にどれほど心をかき乱され、腹立たしい思いをしたことでしょうか。

主人と私は警察に行き、めぐみが戻っているというのはデマだと発表してください、とお願いしました。警察では、それは大変なことだとおっしゃって、警察がちゃんと調べているが事実ではない、ということを発表し、新聞に「悲しむ家族に追い打ちをかける悪質な噂」という見出しで、大きく記事が載りました。

一体あれはどこから出た話だったのか、今でもよく分かりません。しかし、のちに北朝鮮の亡命工作員が「めぐみは精神に変調を来《きた》し入院した」と証言しているのと時期が奇妙に一致しており、気になります。

新潟は地理的にも朝鮮半島に近く、新潟の中央埠頭《ふとう》には北朝鮮の「万景峰号《ばんけいほう》」という船が来ていますから、北朝鮮との深い接点はあったのです。しかし、それもすべては後知恵で、当時の私たちは、娘が北朝鮮にいるなど、思いもよらないことでした。

マク・ダニエル宣教師

めぐみの事件が公開捜査となってまもなく、マク・ダニエルさんというアメリカ人と出会いました。うちの近所にご夫婦で住んでおられたキリスト教の宣教師の方でした。マク・ダニエル宣教師は、新聞に載っためぐみの写真をコピーし、そこにめぐみがいなくなったときの状況を英語で書いたA4ぐらいの手作りのビラをたくさん持ってこられて、これから新潟港に行って、一緒にこれを配りましょうと、おっしゃいました。

私はすっかり落ち込んでいて、まったく外に出る気がしないので、代わりに小さい息子二人を連れて行っていただきました。マク・ダニエル宣教師は、ちょうどそのとき停泊中だったソ連の大型船に乗り込んで、船員さんたちにその手作りのビラを配られたそうです。

なぜマク・ダニエル宣教師はまっさきに港に行き、めぐみの手がかりを探そうと考えられたのでしょうか。今から思えば、不思議な気がします。それまで三十年も新潟で暮らしてこられたあいだに、港で行方不明者の消息が分かったことがあったのかもしれません。

私にはピンとこなかったのですが、新潟の人たちは港を通しての危機感みたいなものを持っておられたのでしょう。私は京都の二条城のそばで生まれ育ちましたから、家に帰るのが遅くなったりすると、「『子取《ことり》り』に攫《さら》われてサーカスに売られるよ」と注意された覚えがありますが、外国船が入るような港に近いところで育った方は、子どもが迷子になったりすると、船で外国に連れて行かれたのではないかと親が心配したと聞いたことがありますから、もしかすると、マク・ダニエル宣教師もそういう可能性を一番に考えたのかもしれません。

それが、その後二十余年にわたるマク・ダニエル宣教師とのおつきあいの始まりでした。

事件後、何とかしてめぐみの消息を摑みたいと手を尽くしたにもかかわらず、それもかなわぬまま、一カ月、三カ月、半年、一年と時間だけが過ぎてゆき、私はもうただ打ちひしがれ、虚しさだけが心に満ちてくるばかりでした。それでも「今日はあの元気な声が聞けるかもしれない。明日はあの明るい笑顔が玄関に現れてくれるに違いない」と、そんな思いを持ちつづけたのですが、しかし、主人や息子たちが勤めや学校に出かけたあとは、悲しみがどっと押し寄せてきました。

新潟の街に大粒の雪がふわり、ふわりと降ってくる冬が来ると、私は窓の外を見つめながら、「この寒空の下、あの子は一体どうなっているのだろう」と泣きつづけてしまいました。

もう死んでしまいたい。こんな悲しい目にどうしてあうのだろうか。どうすれば、自分自身が立ち上がれるのか。どんなに号泣してみても、息も止まれと止めてみても、そして海辺に行って「死」を考えても、悲しい朝はまたやって来ました。

その当時は、いろいろな宗教の人が勧誘に来ました。「子どもは親の鏡です。子は親のすべてを現します」とか「新聞を騒がすような事件が起きるのは、先祖の因果応《いんがおう》報《ほう》です」などと、心にグサリと突き刺さるようなことを言われたときには、私は自分の先祖に思いを馳せ、誠実に生きた両親を思って泣きました。

自分のことを書くのは面はゆいのですが、両親は、私が幼い頃から、できるだけ質素に、物を大切に、他人に迷惑をかけないように、そして、悪いことには勇気をもって悪いと言えるような人間になりなさいと、つねづね言っていたのです。そして、私はそんな両親の教えに従って、真面目に生きてきたつもりでした。

「以前、子どもがいなくなったときに拝んでもらったら、すぐに見つかった」と言われ、娘の行方が分かるならと、藁《わら》にもすがる思いで主人と一緒に、そういうところに行ったこともありますが、それでめぐみが見つかるはずもなく、気持ちはその分だけ落ち込みました。

そんなあるとき、めぐみと同学年の方のお母さまが訪ねてみえて、「私たちはこの近くのマク・ダニエル宣教師のお宅で聖書を学ぶ会を毎週やっています。是非一度いらっしゃいませんか」と言って、分厚い聖書を置いていかれました。その方はとくに「ヨブ記」を読むようにと勧められました。マク・ダニエル宣教師のお名前を聞いて、ああ、港の船にビラを配りに行ってくださった方だと思いました。

聖書を前にした私は、こんな悲しみを味わっているときに、このような細かな文字で、ぎっしりと書かれた分厚い本を読むことができるものですか、と切なくなりました。けれども、部屋の中でたった一人、天井を見上げては涙にくれているしかない私は、何げなく、聖書のページを繰りました。「彼女は確か『ヨブ』とか言ったっけ」と、そのページを開きました。聖書を読んだのはそのときが初めてでした。

そこには、こう書いてありました。

「私は裸で母の胎から出て来た。また、私は裸でかしこに帰ろう。主は与え、主は取られる」(「ヨブ記」1—21)

私は「主は与え、主は取られる」という言葉に打たれました。人の生も死も必然的に訪れることとの意味は日頃から考えていましたが、そこには何かもっと大きなものが係わっているのだと知らされた思いがしたのです。

「あなたは神の深さを見抜くことができようか。全能者の極限を見つけることができようか。それは天よりも高い。あなたに何ができよう、それはよみよりも深い、あなたが何を知りえよう」(「ヨブ記」11―7・8)

この言葉もまた私の中にスッと入ってきました。

こうして私は「詩篇」「ローマ書」「コリント書」「イザヤ書」と、つぎつぎと読み進みました。そこに書かれた言葉の一つ一つが痛みを持った心地好さで胸に浸《し》みていき、やがて自分自身の卑小《ひしょう》さを思い知りました。うまく説明できませんが、生まれたままの状態で自分の真面目さを良しとしてきた己のちっぽけさに気づいたのです。

人知《じんち》の及ばないところにある神の存在は、この世の悲しみ、苦しみ、すべてのことを飲み込んでおられるのだ。私の悲しい人生も、めぐみの悲しい人生も、人間という小さな者には介入できない問題なのだ。聖書は私にそう語りかけてくるようでした。

私は集会に出かけ、日曜日になると、マク・ダニエル宣教師がおられた教会の礼拝に出るようになりました。

昭和五十九(一九八四)年五月、私はマク・ダニエル宣教師のもとで洗礼を受けました。聖書を学びながら、自ら納得して結論を出しました。待つこと以外、何もできない私の一つの選択であり、またそれは一方的な神の恵みによるものであったのでした。

私も主人も、この間、何度となく、めぐみはもう戻って来ないかもしれないと思いました。けれども、何の手がかりも得られない代わりに、戻って来ないという証拠もない以上、めぐみは生きていると信じるしかないのです。そして、一瞬一瞬、信じて待つことがどれほど大変なことか、その精神的な苦痛は言葉ではとうてい言い表すことはできません。私は洗礼を受け、すべてを神に委ねることになりました。

洗礼を受けた年は、はからずも娘が成人となった年でもありました。

私はこうして、何とか自分を見失わずにすんだのでした。もちろん、気持ちが動揺することはそれから何度もありました。しかし、たとえ不幸な結果になろうと、人は誰しも確実に死を迎えるのであり、そのときこそ私とめぐみの魂は安らかに出会えると信じられるようになったおかげで、私にははっきりと覚悟ができたことは間違いありません。

マク・ダニエル宣教師は、日本の敗戦の年に米軍の兵士として佐世保にやって来て、長崎をはじめ日本各地のあまりの惨状に衝撃を受け、こういう悲惨な戦争が起きた原点は心の問題にあるのだと考えられて、日本でのプロテスタントの宣教師活動を始められたとのことでした。

三十年間、日本で伝道活動をされたマク・ダニエル宣教師夫妻は、昭和六十一（一九八六）年、アメリカに帰国されました。私にとっては大切な方でしたから、そのときは非常に寂しい思いをしましたが、その後も、私や主人の誕生日、そしてめぐみがいなくなった十一月十五日には必ず電話をかけて、励ましの言葉を伝えてくださるのです。

私は、教会の方たちと四人で平成七（一九九五）年、フィラデルフィアにいらっしゃるマク・ダニエル宣教師夫妻をお訪ねしました。宣教師は八十歳を過ぎておられますが、まだまだお元気でした。そのときは宣教師の勧めで、三カ所の教会と老人ホームをまわり、二十年間も行方不明のめぐみのことを話しました。私が話し終えると、アメリカの人たちが泣いて、私たちも一緒に祈ります、と言いながら私を抱きしめてくださいました。

私は、マク・ダニエル宣教師と出会って以来二十年、「神さま、もし娘が生きているのでしたら、今その在《あ》るところで、娘の命と魂と健康とを、あらゆる危害からお守りください」と日々祈ってきました。

主人は宗教を信じていません。父親として気持ちを強く持たなければいけない、という意識があえてそうさせているのでしょう。めぐみがどこかで一人苦しんでいるのなら、自分もまた、ひたすらめぐみを待つという苦しみに耐えなければいけないと思っていると、言いました。そして主人は、何ものにもすがることなく、めぐみの帰りを待ちたいと言っています。私はその主人の態度に、母親のそれとはまた別の強靱《きょうじん》な精神力を感じていますが、その一方で、両親がそろって、めぐみのために心を一つにして祈り合うことができたらと願っています。

私と主人はともに、それぞれのやり方で、二十年におよぶ苦しみを乗り越えてきたのです。

平成九（一九九七）年一月、めぐみが北朝鮮にいると知らされ、新たな試練の中に置かれた私を支えたのは、「詩篇」にあるつぎのような言葉でした。

「及びもつかない大きなことや、奇《くす》しいことに私は深入りしません。まことに私は、自分のたましいを和らげ静めました」（131―1・2）

「私のたましいは黙って、ただ神を待ち望む。私の救いは神からくる」（62―1）
「どんな時にも神に信頼せよ。あなたがたの心を神の御前に注ぎ出せ」（62―8）

第四章　笑うと、えくぼが

「お嬢さんは北朝鮮で生きています」

平成九（一九九七）年一月二十一日のことでした。祈りの会に出かけ、夕方六時頃に帰宅した私の顔を見ると、主人が怪訝そうな面持ちで「今日、変なことがあったんだよ」と言いました。定年退職後のことで、主人はその日、家にいました。

主人は、ちょっと口ごもる感じで、私が「何があったの」と聞いても、はっきり答えてくれません。

「何か、おかしな話なんだよ」

「何、何、早く言ってよ」

「うーん……それがね……」

主人のふだんとは違う態度に、私は「あっ」と思い当たって聞きました。

「ひょっとして、めぐみちゃんのこと？」

主人は「そうなんだよ」と言い、奇妙な、そして驚くような話をしてくれました。

その日、まもなくお昼というときに、日本銀行のOB会である「旧友会」から電話があって、参議院議員の橋本敦《はしもとあつし》さん（共産党）の秘書をしている兵本達吉《ひょうもとたつきち》さんに電話を入れてほしいと連絡があったそうです。

「旧友会」でも詳しいことは分からず、主人はわけの分からぬまま、すぐに兵本さんに電話をかけました。

電話に出た兵本さんは、「お宅のお嬢さんが北朝鮮で生きているという情報が入りました」とおっしゃったので、主人は本当にびっくりしたそうです。

「私はずっと北朝鮮による拉致《らち》事件について調べています。お宅のお嬢さんのことは初めて知ったので、いなくなったときの状況などを教えてください」

電話では詳しい話ができないので、議員会館に来ていただけませんか、という兵本さんの言葉に、主人は「すぐに伺います」と言って、議員会館に急ぎました。

議員会館に向かう電車の中で主人は、初めて出てきた情報らしい情報だけれども、めぐみが北朝鮮にいるというのは本当なのか、本当だとしたら、どうやって連れて帰るのか、この二つのことに思いを巡らせて、気持ちが落ち着かなかったと言いました。

兵本さんは『現代コリア』という雑誌（平成八年十月号）と、めぐみの行方不明を報じた二十年前の『新潟日報』のコピーを用意して待っておられたとのことです。

あとで分かったことですが、橋本議員は昭和六十三（一九八八）年三月二十六日に開かれた参議院予算委員会で、昭和五十三（一九七八）年の夏に起きた三件のアベックの方々の謎の失踪事件について質問されたとのことでした。のちに主人は、このときの「議事録」（第百十二回国会・参議院予算委員会会議録第十五号）を手に入れましたが、橋本議員の質問に対して答えた中に、当時、国家公安委員長をしていた梶山《かじやま》静六《せいろく》さんたちもおられ、梶山さんはそれらの事件について、こんなふうにおっしゃっています。

昭和五十三年以来の一連のアベック行方不明事犯、恐らくは北朝鮮による拉致の疑いが十分濃厚でございます。解明が大変困難ではございますけれども、事態の重大性にかんがみ、今後とも真相究明のために全力を尽くしていかなければならないと考えておりますし、本人はもちろんでございますが、御家族の皆さん方に深い御同情を申し上げる次第であります。

また、このときの外務大臣は、亡くなった宇野《うの》宗佑《そうすけ》さんでしたが、こんなふうに答えておられます。

ただいま国家公安委員長（梶山静六氏）が申されたような気持ち、全く同じでございます。もし、この近代国家、我々の主権が侵されておったという問題は先ほど申し上げましたけれども、このような今平和な世界において全くもって許しがたい人道上の問題がかりそめにも行われておるということに対しましては、むしろ強い憤りを覚えております。

長々と引用するのですが、もう一人、警察庁の警備局長をされていた城内康光さんという方は、「一連の事件につきましては北朝鮮による拉致の疑いが持たれるところでありまして、既にそういった観点から捜査を行っておるわけであります」と答えておられます。

昭和五十五（一九八〇）年一月の『サンケイ新聞』を見て、私が直感したように、めぐみは、この三組のアベックの方々と同じように拉致されたことが、このとき初めて分かったのですが、少なくともアベックの方々の事件については、十年も前に国会で取り上げられ、北朝鮮の名前が出ていることに、私も主人も驚いてしまいました。

今さら嘆いても詮ないことですし、難しい捜査だということも分かるのですが、もう少し早く事件が解明されていたら、と思わずにはいられません。

一月二十一日のことに話を戻します。

主人が兵本さんに伺ったところによると、この日、知り合いの方から兵本さんのもとに、「ご一読ください。拉致された女子中学生は、横田めぐみさんでした」とコメント付きで、『現代コリア』と『新潟日報』の記事のファックスが送られてきたのだそうです。兵本さんは、『新潟日報』の記事から主人が日本銀行に勤めていたことを知り、「旧友会」を通じて主人と連絡をとってくださったのでした。

『新潟日報』は、うちにもありますから見なくても分かるのですが、『現代コリア』は、主人が初めて目にする雑誌でした。そこには、大阪「朝日放送」のプロデューサーをされていた石高健次《いしだかけんじ》さん（現朝日放送東京支社報道部長）の「私が『金正日の拉致指令』（朝日新聞社刊。平成十年に「朝日文庫」として増補版が出版される）を書いた理由」と題された一文が載っていて、兵本さんは主人に、これを読んでくださいとおっしゃったそうです。

主人は私に、その『現代コリア』の記事のコピーを見せてくれました。

石高さんは、北朝鮮による日本人拉致事件を取材してテレビのドキュメンタリー番組をつくり、それをもとに『金正日の拉致指令』という本を書かれたのだそうですが、平成七（一九九五）年、取材の中で韓国の国家安全企画部（韓国の情報部）という部署の幹部の方から、こんな話を聞いたと言って、それを『現代コリア』誌に書いておられたのでした。

国家安全企画部の幹部の方の話を裏付けるだけの情報がなく、本（『金正日の拉致指令』）には載せなかった事件があると前置きして、石高さんはつぎのように紹介しておられました。

これを読んで何らかの情報があれば是非お知らせ願いたいとの気持ちからここ

に紹介するが、この「（拉致）事件」は、極めて凄惨で残酷なものだ。

被害者が子供なのである。

その事実は、九四年暮れ、韓国に亡命したひとりの北朝鮮工作員によってもたらされた。

それによると、日本の海岸からアベックが相次いで拉致される一年か二年前、おそらく七六年（事実は七七年）のことだったという。十三歳の少女がやはり日本の海岸から北朝鮮へ拉致された。どこの海岸かはその工作員は知らなかった。少女は学校のクラブ活動だったバドミントンの練習を終えて、帰宅の途中だった。海岸からまさに脱出しようとしていた北朝鮮工作員が、この少女に目撃されたために捕まえて連れて帰ったのだという。

少女は賢い子で、一生懸命勉強した。「朝鮮語を習得するとお母さんのところへ帰してやる」といわれたからだった。そして十八になった頃、それがかなわぬこととわかり、少女は精神に破綻をきたしてしまった。病院に収容されていたときに、件の工作員がその事実を知ったのだった。少女は双子の妹だという。

主人はこの記事を読んだ瞬間に、これは確実に、めぐみのことだろうと思ったそうです。「十三歳」とか「クラブ活動のバドミントンの練習の帰り」というのは、めぐみにピッタリです。「少女は双子の妹」ではなく「少女には双子の弟がいる」が本当ですが、私たちに双子の子どもがいるというのは事実で、それを知っている人は限られています。

あとで石高さんから伺ったのですが、「日本から拉致された十三歳の少女」の件は、取り調べた工作員から情報を得た複数の国家安全企画部の幹部の方から聞いたとのことでした。ですから、話が伝わる中で、「双子の弟がいる」が「私は双子の妹」に変わったのかもしれません。

主人は直感的にめぐみだと思う反面、しかしこれだけなら、めぐみの失踪当時の新聞記事から、ある程度の話をつくれるだろう、とも思ったそうです。実際、事件後まもなく私のところに脅迫電話をかけてきた高校生は、新聞やテレビの公開捜査を参考にして誘拐犯を装い、そして私は高校生の言うことを信じたのですから。

これが、もしも、親しか知らないようなこと、たとえば家族旅行に行った土地や、その日付などの情報があれば、めぐみに間違いないと言えるのですが、そこまでは断定できず、不思議なことがあるものだと思って、主人は帰ってきたのでした。

私は主人の話を聞くと、胸がどきどきし、背中がぞくぞくしてきました。「うわぁー、生きていたのねえー。よかったわねえ」と、最初は喜んだのですが、だんだんと興奮が冷めてくると、不思議なことだらけでした。二十年も経ってから、そんなことが分かるなんてことがあるのかしら。なぜ、めぐみは北朝鮮に連れて行かれなくてはならなかったのだろう。半信半疑のまま、私の頭の中は混乱してきました。

主人も私も、それまでさまざまな可能性に期待をかけながら、そのつど失望してきましたから、石高さんの話もそれっきりで終わるのか、それともどういうふうに展開してゆくのだろうかと思っていました。けれども、今回は、石高さんの一文がきっかけとなって事態は大きく動きだし、ついには、めぐみが北朝鮮にいることを決定的に証言する人が現れたのでした。

実名を出すべきか

私は、めぐみがいなくなった昭和五十二（一九七七）年十一月十五日と、平成九年一月二十一日という日にちを忘れることはできません。その日から私たち家族の生活は一変しました。とくに、めぐみが北朝鮮にいるという知らせは、まさに「青天《せいてん》の霹《へき》靂《れき》」でした。私たちにとって、それは決して大袈裟な比喩でもなく、陳腐な比喩でもありませんでした。

私たちはその日から、突然の嵐の中に巻き込まれたかのようでした。

二十年のあいだ、めぐみの行方を知る手がかりは一切なかったのですから、現実に私たち家族が生きていくためには、悲しいけれども、あとは神さまに委ねるしかない、あとは祈っていくしかないと、私は思うようになっていました。下の子どもたちを一所懸命育てていかなければならない、家族の一人でも病気にならないようにしなければ、という現実的な思いで、一日一日、忍耐してきました。ようやく堪《こら》え性《しょう》みたいなものができた、というときに、大変な情報が入ってきたわけです。

そういう嵐の渦中にあった主人や私は、その時点では、続けて起きた一つ一つのことにどういう意味があるのか分かりませんでした。几帳面な主人がそのときにつけていたメモと、あとで知ったことを混じえて、めぐみが北朝鮮にいると、私たちが確信するまでの出来事を日を追って書いてみます。

石高健次さんの文章を掲載した『現代コリア』誌を出している現代コリア研究所所

長の佐藤勝巳《さとうかつみ》さんは、新潟のご出身でした。十月号の石高さんの原稿を読まれた佐藤さんは、おぼろげながら、めぐみの事件を記憶されていたそうです。

『現代コリア』十月号が出てから二カ月後の平成八年十二月十四日、佐藤さんは新潟市でおこなった講演のあとの懇親会で、「確か新潟海岸で行方不明になった少女がいましたよね」と話されました。すると、そこに居合わせた新潟県警の幹部の方が、「ああ、めぐみちゃんです」と答えました。佐藤さんが「彼女、北朝鮮にいるようですよ」と言ったら、近くにいた人たちが一斉に「エッ」と声をあげたそうです。

佐藤さんは早速『新潟日報』を取り寄せ、さらに現代コリア研究所は、韓国の当局に問い合わせて、石高さんが書かれたような証言を国家安全企画部の幹部の方がしたのは間違いないという答えを貰ったそうです。

現代コリア研究所では、「これは横田めぐみさんである」と判断されました。そして、平成九年一・二月号の『現代コリア』に「身元の確認された拉致少女」という記事を載せ、インターネットのホームページを通じてマスコミの方たちに、この情報を流される一方で、衆議院議員の西村真悟《にしむらしんご》議員（新進党・現自由党）と相談して、国会の場でめぐみの事件を追及してくださることになったのでした。

私たちの知らないところで、いろいろな方が動いていてくださっていたのです。

一月二十三日には、西村代議士が、めぐみの事件について政府に「質問主意書」（「北朝鮮工作組織による日本人誘拐拉致に関する質問主意書」）というものを出されました。そのことを私たちは五日後の一月二十八日に知りました。

同じく二十三日と、二日後の二十五日に、石高さんが私たちを訪ねてこられ、詳しい説明をしてくださいました。二十五日には、週刊誌の『アエラ』（朝日新聞社）の長谷川熙《はせがわひろし》記者が、私たちを取材されました。二十八日は、『ニューズウィーク』誌の高山秀子《たかやまひでこ》記者の取材を受け、昭和五十五年にアベックの謎の蒸発事件をいち早く報じられた産経新聞社の阿部雅美《あべまさみ》さんも、わが家にやって来られました。

二十八日、西村代議士が「質問主意書」を二十三日に出されたとの知らせを受けた主人は、翌二十九日、西村代議士にお電話しました。「主意書」に対する政府の答弁が遅れているというお話でした。実際に主意書の答弁があったのは二月七日のことで、「横田めぐみさんの事件は『捜査中』」という回答でした。

一月三十日、主人と私は新潟に行き、新潟中央署に、それまでの経緯を説明しました。その後私たちは、かつて住んでいた家の跡を訪ね、私は隣のおばあちゃまの家の庭で、大きく成長した山茶花を見たのです。めぐみと共に、一家五人が賑やかに暮らしていたあの家は取り壊され、空き地となって雑草が生えていました。残っていたのは格子戸の門と、玄関の脇に植わっていた梅の木だけでした。

私は、めぐみが姿を消した曲がり角のほうを見ることも、ましてやその場所に行くことも嫌でした。あの角で、めぐみがいなくなったのだと考えることすら、私には耐え難いことでした。あの日、何事も起こらなければ、その曲がり角から、ほんのわずかの距離を歩いて、めぐみは家に帰ってきたはずです。そして、バドミントンの強化選手に選ばれて大変なんだよと言い、私は私で「こんなときに親が出て行って、いいのだろうか。子どものために、どうしてあげるのが一番いいのだろうか」と、心配していたのかもしれません。

新潟から戻った一月三十一日、朝日新聞社の長谷川さんが、めぐみの事件を特集した『アエラ』誌（二月十日号）の見本を持って、再びわが家を訪ねてこられました。長谷川さんは、めぐみや私たち夫婦の名前を実名で出したいと、おっしゃいました。雑誌は翌々日には出るとのことでした。

私はこのとき、長谷川さんから実名を出すと聞いて、気が変になるくらい考えました。まだ何も確証がないときに実名を出したら、どういうことになるんだろう。もしも、めぐみが北朝鮮で生きているとしたら、実名を出すことで、どんな影響があるか分かりません。証拠をなくしてしまうために、めぐみがバーンとやられてしまうかもしれない。そうなったら娘が可哀相だ。どうしよう、どうしよう。雑誌の発売を待ってください。もう少し考える時間をください……。

私は仕事で遠くに赴任している息子たちに電話をかけ、主人と私の考えが違うことを話して相談しました。息子たちは「お父さんの意見は正しいと思う。しかし、父親としての立場でものを言っていない。多少解決が遅くなっても、危険が高まることは避けるべきだ」との意見で、私同様、実名を出さないほうがいいというものでした。

主人は家族の中で一人、実名を出したほうがいいという考えでした。

二十年ものあいだ、何一つ情報がなく、何の変化もなかったのです。たとえば匿名で、二十年前に新潟でいなくなった「Y・Mさん」などと報道されたら、ことの信憑性は薄まってしまうだろう。めぐみの事件は一時の話題になるだけで、世間の記憶から消え去り、この先同じ状況がまた二十年続くかもしれない。そうなったとき、自分たち親は、もうこの世にいないかもしれない。危険なことはあるかもしれないけれども、それならいっそ本名を公開して世論に訴えるほうがいい。実名を出して「日本はこれだけの情報を持っている。手出しをすると大変なことになる」とのメッセージを北朝鮮に出すことで、むしろ安全が図られるとの意見です。すでに現代コリア研究所のホームページには「横田めぐみ」の名前も出ている。主人は、そう考えて、本名を出すことを了解すると決めました。

私は一睡もせずに考えあぐねましたが、主人の判断を信じて、それに従いました。

二月三日、『アエラ』誌が発売され、『産経新聞』では朝刊の一面トップと社会面で、めぐみの写真とともに、北朝鮮に拉致されたのではないかと、大きく報道されました。『産経新聞』の見出しには、「北朝鮮亡命工作員証言『20年前、13歳の少女拉致』」「新潟の失踪事件と酷似」「韓国からの情報」「バドミントン、双子……『うちの娘だと思う』」「めぐみさんの両親　死亡宣告せずに待った」とありました。

この二月三日には、西村代議士が衆議院予算委員会で、拉致事件について質問し、橋本龍太郎《はしもとりゅうたろう》首相（当時）は「調査中である」と答えておられます。

のちに五月一日、参議院決算委員会で自民党の吉川芳男《よしかわよしお》議員がこの問題を質問されました。これに対して政府は、「北朝鮮による拉致事件と認識している」ことを初めて公式に明らかにしました。新聞によると、今までに北朝鮮に拉致された疑いのある日本人を、「六件九人」としていた政府見解についても、「七件十人」と修正したとのことでした。この数字は、『警察白書』（平成九年版）にも記載されましたが、十人に増えた一人とは、恐らくめぐみのことでしょう。

西村代議士の質問があった二月三日のお昼過ぎ、韓国への取材に向かう「日本電波ニュース社」の高世仁《たかせひとし》報道部長が、成田空港の本屋さんで、『アエラ』と『産経新聞』に目を止め、めぐみの事件の扱いの大きさに驚いて、これを買い求められたことから、安明進《アンミョンジン》という元北朝鮮工作員が直接、めぐみのことを、さらに具体的に証言してくれることになったのでした。

元亡命工作員の証言

高世さんたち取材班の方々は、タイで起きた「ニセドル札使用事件」を追いかけておられたそうです。この事件について、韓国に亡命してきた北朝鮮の元工作員にインタビューするためソウル行きの飛行機に乗り込む前に、高世さんがめぐみの記事を読まれたのです。高世さんは、今年（平成十一年）の四月に出された著書『娘をかえせ息子をかえせ』（旬報社）の中で、そのときのことを、つぎのように書いておられます。

九六年（平成八年）三月下旬、カンボジアとベトナムの国境で、ある男が拘束された。容疑はタイでのニセドル札使用。この男とは、一九七〇年に日航機「よど号」をハイジャックして北朝鮮へと渡った赤軍派のひとり（田中義三容疑者）であった。すぐに私たちは取材を開始した。

安明進は、もと北朝鮮の工作員であったが、九三年の九月に三八度線を越えて韓国に潜入した直後、当局に自ら亡命を申し出ている。私（高世氏）が彼とはじめて会ったのは、九六年の一〇月一日だった。その前月、韓国の東海岸の町、カンヌヌン市郊外に北朝鮮の潜水艦が漂着し、工作員が山の中に逃げ込むという大事件が起きた。「工作員」の実態を知るためにインタビューしたのが安明進である。

取材の後の雑談のなかで、安明進は「ああ、そういえば」といった感じで、驚くべきことを口走った。赤軍派のひとりを北朝鮮で見たことがあるという。問題は彼を見かけた場所だった。「金正日政治軍事大学」という、労働党中央直属の工作員養成所だというのだ。

（その前に）私たちが、テレビ朝日の「サンデープロジェクト」でニセドル札事件の番組を放送したところ、韓国ＫＢＳ（テレビ局）がこのビデオ素材を入手したいと連絡してきた。そして、その素材を使用してＫＢＳが作った番組を、安明進はたまたま見ていたのだった。

もう一度きちんと安明進にインタビューしたいと韓国当局に申請したのは、年があけた九七年（平成九年）の一月になってからだった。むろんテーマは「ニセドル札事件」についてである。

このとき私たちは、安明進を含めて四人の亡命者にインタビューを申請している。亡命者への取材の場合、窓口は韓国の安企部（国家安全企画部）となる。ただし、安企部が亡命者に取材を受けるよう強制することはできない。亡命者が取材を了承した場合に限り、日程を調整することになる。四人全員が取材に応じるとの返事が、一月下旬に届いた。取材日程は二月四日と五日の二日間で、それぞれ午前、午後にひとりずつ。安明進は二番手で、四日の午後となった……。

高世さんは現代コリア研究所のホームページをご覧になっていたそうですが、「今から思えば恥ずかしいことだが、『北朝鮮ならそのくらいのことはやるだろう』」と思っておられたそうです。しかし、成田空港で見た『産経新聞』と『アエラ』の記事の大きさに驚いた高世さんは、「ニセドル札事件」のついでに、めぐみのことを安明進さんにぶつけてみようということになったのでした。

北朝鮮からの亡命者に取材するときは、必ず韓国の国家安全企画部の職員の方が立ち合い、どういう質問をするかは、あらかじめ伝えておかなければいけないのだそうです。高世さんは、「ニセドル札事件」とは別の問題ですが、と言って承諾を得たうえで、安明進さんに、めぐみの写真を見せて、この少女が北朝鮮に拉致された疑いがあるのだけれども、何か知っていることはありませんか、と聞きました。

安さんは、しばらくめぐみの写真を見ていましたが、「この女性に見覚えがあります」と、ボソッと言われたそうです。高世さんは、「本当ですか」と驚き、質問を続けました。

二月六日の夜、高世さんはこのときの様子を撮った未編集テープを主人と私に見せ、安明進さんの証言を詳しく話してくださいました。

安さんは工作員を養成する「金正日政治軍事大学」に在学していた昭和六十三（一九八八）年から平成三（一九九一）年にかけて、めぐみに似た女性を大学の中で何度か見かけたとのことでした。その女性は、二十五歳から二十七歳に見えたそうです。めぐみは当時、二十四、五歳ですから、年齢は合っていました。

安さんが初めてその女性を見たのは昭和六十三年の十月でした。高世さんの本に書かれた安さんの証言は、こういうものです。

「金正日政治軍事大学では、重要な記念日に式典があり、大会議場に学生や職員が集められます。日本人の教員が一〇人くらいいました。うち女性は三人でした。あれは、八八年一〇月一〇日の朝鮮労働党創立記念日だったと思います。真ん中の列の前方に着席して、式がはじまるのを待っていると、私たちを指導していた教官が、彼女（めぐみに似た女性）は自分が日本の新潟から連れてきたのだと言いました。私たちが首をひねって後ろを見ると、ひとりの女性が入ってきて右側の列のまんなかぐらいに座りました。日本人はいつも最後に会議場に来るのですが、彼女はその日一番遅く入ってきました。それがこの写真の女性です」

指導教官の名前を安明進さんは全部を明かさず、姓は「丁《チョン》」だと言ったそうですが、その人は安さんの大先輩で、七〇年代に新潟に〝浸透した〟とき、その女性を連れてきたと言ったそうです。大学にいた工作員訓練生は若い男性ですから、女性に興味があり、その女性について、指導教官を質問責めにし、また「彼女（めぐみに似た女性）はとても可愛かったので『もう結婚しているのかな』などと仲間で噂しあって」（高世氏の本）いたと言います。

高世さんが撮ってきたビデオテープでは、朝鮮語のあいだから「ニイガタ、ニイガタ」という日本語が聞こえました。このときは、まだ安明進さんという人が、どういう人なのか正確には分かりませんでしたが、その話し方とか態度は、とてもしっかりして見えました。主人と私は、石高さんが聞いたのとは別な証言が出てきたということで、めぐみが北朝鮮にいるのは間違いないと思いました。

二月八日には高世さんの取材をもとにして、テレビ朝日の『ザ・スクープ』が、安明進さんの証言を放送しました。このときはまだ、安さんの顔も名前も出ませんでした。

さらに三月十三日、『産経新聞』の朝刊で、大田明彦記者と安明進さんとの一問一答が大きく報道されました。ここでは安さんの名前が載り、うつむいてめぐみの写真を見る安さんの写真が載りました。

高世さんの本と重なりますが、大田記者が聞いた、めぐみに関する安さんの証言を『産経新聞』から引用します。

——日本人女性を目撃したそうだが

「八八年十月十日、労働党創立記念行事が平壌近郊の政治軍事大学で行われた。当時わたしは政治軍事大学の二十五期生で二年生だったが、その際に開かれた会議で日本人らしい女性を見かけた。会議に参加していた十一期生以前の『丁』という名前の教官が、彼女を見て『おれが新潟から連れてきた』と言い、彼女が拉致された日本人であることが分かった」

——いつ拉致したのか

「正確には覚えていないが、丁教官は七〇年代初めから中ごろにかけてで、かかわった工作員は三人だと話した。このうち二人が日本の海辺で、海の方に向かって歩いていたところ、彼女がやってきた。自分たちの活動が発覚するとまずいので、拉致したという。写真のような服装（制服。公開捜査に使われた写真）ではなかったと聞いた。船に乗せたら彼女は泣きっぱなしで、その時、初めて子どもだと分かったという」

――彼女のその後は

「彼女は北朝鮮に連れてこられてからも泣きっぱなしで、食事もしなかった。北朝鮮では〝なぜ子供を連れてきたのか〟としかられた。そこで『朝鮮語を勉強したらどうだ。勉強するなら日本に返してやるし、仕事もある』と持ちかけた。しかし、朝鮮語を話せるようになっても、帰れないので病気になり、大学近くの九一五病院に二回も入院したと聞いた」

――目撃したときの彼女の様子はどうだったか

「自分から二十―三十メートル離れた場所に座っており、紺色のスーツに白のブラウス姿だった。彼女のほかにも二、三人の女性がいたが、普通の女性のように笑いながら話をしていた。彼女の笑顔から考えて、性格は明るい人だと思う。年齢は二十五、六歳でハイヒールを履いていたかもしれない、身長は一六〇センチほどで、未婚のようだった。顔は丸顔でポッチャリしており、髪はおかっぱスタイルだが、北朝鮮女性より化粧が濃く、雰囲気も異なっていた。八九年一月ごろ再び会った際、本当に拉致されたのかなと思っていた。しかし、(丁)教官はその後も、彼女を見かけて、何回か声をかけたが、無視されたという。いやな思いがあったのだろう」

——生活はどうだったか

「学校の近くに住んでいて、あまり外出はできなかっただろう。ただ、日本語の教師なので、北では良い待遇を受けており、生活は苦しくないと思う。しかし、その後は関心がなくなり、どうなったか知らない」

高世さんの本でも、めぐみは元気そうで「もう一人の日本人女性と仲がよく、よく手をつないで歩いたり、笑い合ったりしているのを見ました」という安明進さんの話が載っています。少なくとも、安さんが見かけた頃は元気そうだったにしても、北朝鮮に連れてこられてから、めぐみはどのような暮らしをしていたのでしょうか。激しく泣きじゃくり、食事もとらず、病院に二度も入院しためぐみ。どれほど恐ろしく、心細かったことか。私は、胸を抉られるような思いで、その記事を読んだのでした。

ソウルへ行く

工作員たちが海に向かう途中で、少女に出会ったので連れてきた、という証言を読んで、思い出したことがありました。

二十年前のあの日、めぐみが最後に目撃される三十分余り前に、家の近所に住む女子高校生が二人の不審な男たちに後をつけられていたのです。その方は寄居中学のめぐみの先輩で、弟さんはめぐみと同学年でした。

午後六時、帰宅するそのお嬢さんが海のほうに向かって歩いていくと、二人の男が海岸の方向からやって来ました。その二人とすれ違ったとき、屈強な赤銅色の怖い顔を見て、何かゾクッとしたと、お嬢さんはあとで話しておられました。驚いたことに、数歩歩いて振り返ってみると、すぐ後ろにその二人の男がいました。Uターンして、お嬢さんのあとをつけてきたらしいのです。

その方は、いざとなったら持っていたテニスラケットを振り回そうと思っていたそうですが、しばらくして、ついてくる様子がないので、後ろを見ると、二人の男は彼女のほうを見ながら、何かボソボソと話しているようでした。お嬢さんは一目散に家まで駆けていき、「お母さん、怖かった」と言って家に走り込んだそうです。話を聞いたお母さんが、窓を開けて外を見ましたが、通りには誰もいませんでした。お嬢さんはこのとき、理学部跡地の入口の近くの空き地に乗用車が一台停まっているのを見ています。

お嬢さんは、この件をめぐみの事件のすぐあとに警察に話しておられました。

乗用車と言えば、もう一人、めぐみのお友だちのお母さまで、近所の重度知的障害の児童のための施設でボランティアをしている方が、その日の正午頃、帰宅途中に細い路地に停まっていた白っぽい乗用車を見ていました。その脇を通ると、突然窓が開き、腕がヌッと出てきて、「おいでおいで」をするように、上下にゆらゆらと振られたそうです。この方もゾッとして、走ってその場を離れたということでした。

また、めぐみが北朝鮮にいると知らされてからまもなく、主人と私が、めぐみのお友だちの方たちに連絡を取っていたときに聞いた話ですが、バドミントン部の方が、やはりその日、学校のグラウンドの北側にある路地に白い乗用車が停まっているのを見たそうです。そこには猫山宮尾病院という大きな病院があって、一般の車は駐車できないところでした。

こういうことを考え合わせると、めぐみは北朝鮮の工作員を目撃したから連れ去られたのではなく、工作員たちは、暗い夜道を一人で歩いている女性なら、誰でもいいから拉致しようとしていたのかもしれないという気がするのです。あんなに暗い夜道ですから、たとえめぐみに見られても、工作員と一目見て分かるようなものでも持っていたならともかく、知らんふりしてそのまま通り過ぎればよかったのです。

話を戻します。

三月十三日の『産経新聞』の記事が出る前に主人と私は石高さんに誘われ、韓国の取材に同行して、安明進さんに会うことになりました。

三月十四日、私と主人はソウルに向かい、翌十五日に安さんと会いました。三時間か四時間ぐらい話しましたが、通訳が入りますから、正味としては二時間ぐらいのことです。そのときに、安さんの礼儀正しい態度や話しぶりを見て、主人も私も、ああ、この人の言っていることは間違いないなと、はっきり確信が持てたのです。

亡命工作員なんて聞くと、どんな怖い人だろうかと思って、安さんを待っているあいだも落ち着きませんでした。石高さんが玄関のところに迎えにいらしたのですが、安さんはなかなか部屋にいらっしゃらなかったのです。「どうしたのかなあ、来ないのかなあ」と思って待っていました。

あとで聞いたところによると安さんは、自分がめぐみを拉致したわけではないけれど、自分もかつてそういう仲間だったことを考えると、その親に会うのが躊躇《ためら》われたとのことでした。石高さんも、事前に私たちのことを詳しくは話しておられなかったそうです。

十分か十五分ぐらい遅れて入ってきたのは、背広にシャツとネクタイ姿の精悍な青年でした。私は「ああ、普通の人なんだなあ」と思って、主人と一緒に立ち上がって、「本当によく来てくださいました。横田めぐみの父と母です」と言いましたら、安さんは少し緊張した様子で挨拶されました。

その場では、いろいろなことを話しましたが、だいたいは『産経新聞』に載っていたような内容でした。初めて聞いたのは、丁という教官はその後も何回か日本に上陸して活動しており、その間、自分が連れてきた少女の公開捜査のポスターをはがして記念に持ち帰って、今でもちゃんとそれを持っているという話でした。

その制服姿のポスターは私たちも持っていっていましたから、これですかと言って見せましたが、安さんはその話を丁教官から聞いただけで、残念ながらポスターそのものは見なかったとのことでした。

最後に私たちが、新潟空港に義父《ちち》を見送りに行ったときに写した失踪一カ月前のめぐみの写真を大きくしたものを見せると、「この顔が一番似ています」と、はっきりおっしゃいました。

私は安さんと向き合いながら、ああ、この人も体制の中でそういうふうに生活しなければならなかった犠牲者なんだなあという思いがこみ上げてきました。

「みなさんも犠牲者なんですね」

私がそう口に出して言いましたら、安さんは、こんなことを言いました。

「私にも父母と兄弟がいます。向こうに残してきたんですよ。めぐみさんは向こうにいて、お母さんとお父さんはこちらにいる。そしてご両親はこれほど心配しておられる。それは僕も同じ気持ちで、父や母のことを思っているんですよ」

「めぐみちゃんのことを私はいつもお祈りしてきましたけれど、これからは、安さんのご家族の方のために、めぐみちゃんのことと一緒にお祈りさせていただきます」

私が言うと、安さんはふっと涙ぐんだ顔をされました。

あとで、石高さんがこんなことをおっしゃっていました。その場には国家安全企画部の職員の方も何人か来て、後ろで聞いていたのですが、安さんは私たちと別れて帰ってから大泣きした、あれほど泣いたところを見たことがなかったと、その職員の方が石高さんに話したそうです。

あのときの安さんは、本当に複雑な気持ちだったと思います。親が子を思い、子が親を思う気持ちは、どこの国の人間でも変わりありません。私はあのとき以来、めぐみの無事とともに、安さんのご両親や兄弟たちが危害を加えられないようにと、忘れずに祈っているのです。

安明進さんにお会いした翌々日の十七日、私たちは板門店《パンムンジョム》の見学に出かけました。途中の国道には、歩道橋を分厚くしたようなコンクリートの門が各所にありました。万一、北朝鮮が南進してきたとき、戦車を通れなくするために、それを爆破するのだそうです。板門店に近づくと、車が一台しか通れない狭い橋があったりして、ああ、こんなふうに戦争に備えているのだなあ、と思いました。

この日はちょうど、韓国に亡命を申請した黄長燁《ファンジャンヨプ》書記が中国を出国する前日で、そのまま韓国にやって来るという噂もあったことから、戦車や武装兵士が出ていました。厳重な警戒ぶりに、戦争は終わっていないのだ、休戦中なのだと緊張しました。

南北の軍事境界線上にある板門店からは、はげ山ばかりの北朝鮮が目の前にあり、警備にあたる双方の兵士が向き合っていました。カーキ色の軍服を着た無表情な兵士を見て、めぐみはこんな人たちと一緒にいるのかと思うと、その兵士に話しかけることは禁じられているのですが、私は、思わず「めぐみを返して」と叫びたい衝動にかられたのでした。

「えくぼがありますか」

主人と私は、韓国から戻ってすぐに、めぐみと同じように北朝鮮に拉致された方々のご家族と「『北朝鮮による拉致』被害者家族連絡会」を作りました。会を作ったいきさつや、その後、会でおこなった陳情などについては、あとで書こうと思います。

安明進さんはその後、日本のマスコミから数多くの取材を受けました。安さんは、名前のみならず顔までテレビ画面に出して、証言をしてくださいました。北朝鮮という国のことを知れば知るほど、これは勇気のいることだったと思います。

ところが、私たちが安明進さんと話してから半年余り経った平成九年十月三十日の

『産経新聞』に、こんな記事が載りました。「北朝鮮問題を所管する外務省幹部は二十九日午後、北朝鮮工作員による日本人拉致疑惑に触れ、拉致疑惑を裏付ける証拠のひとつである北朝鮮の元工作員の証言の信ぴょう性に重大な疑問を呈し、拉致疑惑に関する北朝鮮への対応は慎重を期すべきだとの考えを示した」というものです。この外務省の幹部の方は「工作員は何を言うか分からない」と語ったそうです。

このときは主人にも取材があって、「強い怒りを感じる」と答えています。

三十日のうちに、この発言は訂正され、翌日の『産経新聞』がそのことを報じましたが、怒りを感じたのは主人や私だけでなく、安明進さんも同じだったようです。この発言が韓国に伝わり、これを知った安さんは、とにかく自分は命がけで証言したのだということを示すために、自分自身の体験を本にまとめることにされたのでした。その本が平成十（一九九八）年三月に翻訳出版された『北朝鮮拉致工作員』（徳間書店）でした。

本が出る一カ月前のことだったと思います。高世さんが電話をかけてこられて、「変なことを伺いますが、めぐみさんには、えくぼがありますか」とおっしゃいました。私は咄嗟に「えくぼがあったかしら」と考えてしまったのですが、確かに、めぐみにはえくぼがありました。まん丸の顔をしていますし、ポコンと引っ込むようなえくぼではないので、普段は気がつかないのですが、口を横にニッとして笑ったようなときは、えくぼが出ました。

私は高世さんに「ちょっと、お待ちください。写真を調べてみますから」と言って、アルバムを出してきて、えくぼが写っているめぐみの写真を探しました。ようやく二枚ほど、口を引いた写真に、えくぼが出ているものが見つかりました。

高世さんは、どうして、めぐみのえくぼのことを確認したのか、説明してくださいました。私たちはそのとき知りませんでしたが、安明進さんは、外務省幹部の発言がきっかけとなって、前述の本を書いておられたのですが、高世さんにまず最初に目を通してほしいと言われ、本のゲラ刷りが高世さんのもとに送られてきたのだそうです。

高世さんはその中に、めぐみと似ていると安さんが証言した女性は「笑うと深く窪んだえくぼは、見る人に優しい印象を与えていた」と書いてあるのが気になりました。もしも、めぐみにえくぼがなければ、安さんの証言は間違っているということになるのです。心配された高世さんはすぐに、私たちのところへ電話で問い合わされたのでした。

えくぼのことは、それまで警察の方にも話しておらず、公開捜査をするときも、めぐみの特徴としてあげたことはありませんでした。親として恥ずかしいのですが、普段、私はえくぼのことは忘れていましたし、主人のきょうだいには皆えくぼがあるので、主人もまたそれが特徴になるものとは思わなかったのです。

親ですら見逃していた特徴をもとに、安さんが作り話をするなどということは考えられません。すでにソウルでお会いしたときから、安さんの証言を信じていた私たちは、高世さんからえくぼの話を聞いて確信を深め、希望を失うまいと思ったのです。

その後、手にした『北朝鮮拉致工作員』には、こんな酷《むご》い話が書かれてありました。

……めぐみを拉致した教官によると、めぐみは船の中で激しく泣き叫んだので、真っ暗闇の船倉のなかに四十時間以上閉じ込められた。船倉ではめぐみはずっと「お母さん、お母さん」と叫んでおり、出入口や壁などをあちこち引っかいたので、着いてみたらめぐみの手は爪が剝がれそうになって血だらけだった……。

私はこの箇所を読んだときに、吐きそうになりました。しかし、そのとき私は涙を流しませんでした。そのとき私が感じたのは、心の奥底からこみ上げてくる深い深い怒りだったのです。

第五章　わが身に代えても

新たな試練

めぐみがいなくなってから、私は自己流に絵を描くようになりました。私は最初に、めぐみの幼い頃の写真を見ながら、油絵の肖像画を描きました。肩までのばした髪をリボンで両方に二つ結んだめぐみの顔です。筆の使い方も色の塗り方も知りませんから、とても人に見せられるような絵ではありませんが、私がいつも一番懐かしく思い出すのは、リボンをつけたお下げを揺らしながら遊んでいるめぐみの姿でした。私は絵の中でもいいから、めぐみにそばにいてほしかったのです。

私は娘を思って、短歌を作るようにもなりました。初めて作ったのは、こんな悲しい歌でした。

はろばろと睦《むつ》み移りし雪の街に
娘を失いて海鳴り哀し

新潟にいるあいだ、一日も欠かさずにつけていた門灯を消すとき、めぐみが修学旅行のお土産に買ってきたサボテンに可愛い小さな花が一つ咲いたとき、そして、寄居《よりい》中学までの通学路を歩くとき、下手な短歌がポロポロと口からこぼれて残りました。

朝まだき　さえずる鳥の声も哀し
子を待つ淡き門灯三とせ

消えし子よ　残せるサボテン花咲けり
かく小さくも生きよと願う

如雨露《じょうろ》に涙の露もそそぎいつ

行方知れじ子　残す花守る
秋のこの　かそけし道を汝は何
秘めてたどりしか　行方も知れず

めぐみが中学を卒業する頃、私はよく一人で浜辺に出ました。その日、浜には幾人かの女学生が遊んでいました。何事もなければ、めぐみも、きっとあの乙女らの中に混じって、楽しくはしゃいでいたでしょうに……。

巣立ちし日　浜にはなやぐ乙女らに
帰らぬ吾娘の名を呼びてみむ

海の向こうに浮かんでいる赤いブイが、娘の持っていた赤いスポーツバッグに思えて、長いあいだ凝視していたこともありました。

佐渡も海も茜《あかね》に染むる浜に立てば
わが魂は神に触れゆく

吸い込まれてしまうように思える日没時の茜色は、はかり知れない永遠へと、私の心を導いてゆきました。

私が娘を思って泣き、娘の遺留品を捜し求めて歩いた長い浜辺に続くどこかの海岸から、娘は一人拉致されていったのでした。今どき、人を攫《さら》って海の向こうへ連れ去るなどという蛮行《ばんこう》が許されるのでしょうか。まるで物語のようにすら思える恐ろしい現実でした。

兵本達吉《ひょうもとたつきち》さんから電話がかかり、主人が議員会館に出かけていった平成九（一九九七）年一月二十一日から、次々と展開する事態に主人と二人で夢中で対応しながら、私は、娘が生きていてくれたのだという、戦慄を覚えるほどの不思議な喜びと同時に、北朝鮮のありさまを思い巡らし、重苦しいものが心の中に湧き起こってきました。

それは、昭和五十二（一九七七）年十一月十五日から始まった、鋭利な刃物で背中をそぎ取られるような、寒々と重苦しく悲しい、そして叫びだしたいほどの不安な時間の流れと重なってきました。動転した私は、しかし聖書の言葉を支えとして、今また異なった思いの中で、もう一度初めに戻って、この試練を受け止めていかなければならないのだと、覚悟を定めました。

何とか心の平安は得られたものの、この先、一体どうすれば娘を取り戻すことができるのか、その前に、どうやって娘の安否を確認すればいいのか、具体的な手だては何一つ思いつきませんでした。めぐみの事件はもはや個人の力で解決できるようなものではなく、国と国との難しい問題となったのです。

私はごく普通の主婦でした。高校卒業後、会社に勤めていましたが、今のように、女性が結婚したのちも外に出て働くという考えは一般的ではありませんでしたから、子育てや家事に専念し、社会とのつながりと言えば、ボランティア活動をするぐらいのことでした。ましてや日本と北朝鮮との関係について深く考えたことはなく、めぐみが失踪してからは、どうか、どこかで生きていてほしいと、ひたすら娘の無事を祈ってきたのです。

私は、目の前に立ちふさがった壁の途方もない厚さを思い、個人の力の限界を思って暗澹《あんたん》とした気持ちになり、夜も眠れぬ毎日でした。

けれども、本当に有り難いことに、私たちの知らないところで、拉致問題に関心を寄せておられた方々があって、その方たちのご尽力で、めぐみを救い出す道が拓けてきたのでした。

初めての陳情

平成九年二月七日、西村真悟《にしむらしんご》議員の質問に対して政府の答弁書が出たことについて、西村議員が記者会見をおこないました。会見に同席して親としての思いを話した主人と私は、その日の夜、新潟へ取材に行かれる朝日放送の石高健次《いしだかけんじ》さんと一緒に新潟に向かいました。そして私たちは新潟で、小島晴則《こじまはるのり》さんに初めてお会いしました。

小島さんは、現代コリア研究所の佐藤勝巳《さとうかつみ》所長のお知り合いとのことで、私たちが新潟から戻ってきたあと、お手紙をいただき、小島さんがどういう活動をなさっているのかを知りました。

昭和三十年代に、日本にいた朝鮮の人々を北朝鮮に帰国させる運動がありました。その頃は新聞が北朝鮮は「地上の楽園」と大々的に書いたので、ずいぶん大勢の人たちが希望を持って祖国に帰られたそうです。その中には朝鮮人男性と結婚した日本人女性もいらしたとのことです。「日本人妻」と言われる方々です。

小島さんと佐藤さんはそのとき、そういう人々を新潟から北朝鮮に送り出す日本側の事務局におられたのでした。

その後、北朝鮮というのは、「地上の楽園」とはほど遠い状態にあり、帰国した人たちが苦しい生活をしていることを知ったお二人は、たくさんの人を送り出したことに責任を感じ、その後、小島さんは、帰国した人たち、とくに「日本人妻」たちを何とか日本に里帰りさせたいと考えて、運動を始められたのでした。

小島さんは、北朝鮮に帰った人たちが窮状を訴えてきた手紙を日本に残った家族に取り次ぎ、またそういう手紙をまとめて小冊子にして配っておられました。

新潟在住の小島さんは、平成八（一九九六）年十月号の『現代コリア』で石高さんのレポートを読まれましたが、そのときはまだ拉致された少女とめぐみが結びつかず、その年の十二月に佐藤勝巳さんが新潟で講演をしたあとの懇親会で、警察の方がめぐみの事件だと気づいてから、かすかな記憶がよみがえり、図書館で調べて『新潟日報』を見つけられたそうです。

そしてその年の暮れ、小島さんとお仲間の方たちが忘年会をしているとき、同じ北朝鮮のことで、根は一つだし、新潟で起きた事件は新潟の人間で、何とか救出しようという話になったのでした。

小島さんは、拉致事件の真相究明と救出を政府に訴える署名を集めたり、関係官庁に陳情に行くことから一緒に始めましょうと、私たちに声をかけてくださり、そのあとすぐに、お仲間たちと「横田めぐみさん拉致究明救出発起人会」を作られました。

小島さんのお話は、初めて知ることばかりで驚きました。とくに、夫について北朝鮮に行ったきり里帰りもできない日本人女性がいるとのお話はショックでした。自らの意思で帰った人ですら日本に戻れないのです。そういう国に無理やり連れて行かれためぐみを取り戻すことなど、できるのでしょうか……。

気持ちは落ち込みましたが、北朝鮮の事情に詳しい方と出会うことができ、そういう方々が、援《たす》けてくださると申し出られたことに、私は勇気づけられました。

二月十四日、私たちは小島さんやそのお仲間の方と一緒に、外務省、国会、日本赤十字社を訪れて、救出をお願いしました。

霞が関の官庁街とか永田町など、自分には無縁のところと思っていた場所に初めて足を向けた私は、何か独特の雰囲気を感じて、胸がどきどきしてきました。陳情というのも、私には初めての体験ですから、ともかく主人や小島さんについてゆくのが精一杯で、周囲に目をやる余裕はありませんでした。

外務省では加藤良三《かとうりょうぞう》アジア局長（当時）が部屋の前まで出迎えてくださり、政府としては全力を尽くしてやりますからと言ってくださいました。

加藤さんからはその後、六月十日と七月三十日にお電話をいただきました。二度目のお電話は、ＡＳＥＡＮ（東南アジア諸国連合）の外相会議に出席する池田《いけだ》行彦《ゆきひこ》外務大臣（当時）に随行され、帰国された直後でした。

加藤さんは「このところ日本人妻の一時帰国問題だけが大きく報道され、家族から見れば、拉致のことは脇に置かれているようで、不安を感じておられるでしょうが、政府としては今までどおり、拉致問題や覚醒剤問題を最重点の項目として、北朝鮮と交渉していきます。ただ、成果が出ていないので、家族の方には申し訳ない」と、主人に言ってくださったそうです。

以来、主人と私は加藤さんの言葉を信じ、外務省の交渉に希みを託しています。

国会では、議員会館をまわって、おもに新潟県選出の議員の方々にご挨拶しました。

どなたも熱心に話を聞いてくださり、心強い思いがしました。四月一日、「自民党新潟県選出国会議員団」が作られ、真相究明に向けて議員の方が外務省や警察庁から話を聞き、強力に交渉を進めてくださるように要請しました。これが発展して、四月十五日には超党派の国会議員の方々が、「北朝鮮拉致疑惑日本人救援議員連盟」を作ってくださいました。

初めての陳情の日、私たちは日赤にも伺いました。日赤の場合、相手の国の協力がなければいけないとのことで、まず「安否調査書」という書類を日赤に提出して、それを北朝鮮の赤十字に送付して問い合わせ、回答を待つしかないとのことでした。

私たちに対応し、そういう説明をしてくださったのは、国際部企画課の方でしたが、「そうでございますね」「こうでございまして」「……いたしております」と、とてもきれいな言葉で、さらさらと話されました。初めての陳情でカーッとなっていましたから、私は、まるで暗記でもしてきたように理路整然と話されるその方の態度を見て、何かよそごとのように話を聞き、話しておられるような気がしてならず、何の後ろ楯も持たない者が陳情することの難しさをつくづく思い知りました。

主人と私は、それから一週間後に「安否調査書」を日赤に届けましたが、いまだに回答はきておりません。

この年の夏、日本との政府間交渉で、北朝鮮は「拉致疑惑」者を「一般行方不明者」として調査することを約束したとのことですが、翌平成十年の六月五日、北朝鮮は、朝鮮赤十字中央委員会のスポークスマンの談話として、「日本側の資料で指摘された人物（七件十人のこと）は、わが国領土内には存在せず、過去に入国もしくは一時滞在したこともないことが最終的に証明された」と、回答してきました。

北朝鮮が公にそういうことを言うのですから、私たちが個人的に出した「安否調査書」に、それとは別の答えをくれるはずはなかったのでした。

平成九年二月十四日以降、主人と私はさまざまなところへ陳情に出かけました。主人はそのすべてを記録していますが、私は、いつどこへ行ったのか、だいたいのことしか覚えていません。

主人の記録を見ると、今までの二年間に伺った陳情先は、アムネスティ、法務省人権擁護局、日弁連（日本弁護士連合会）人権擁護委員会、自民党の訪朝団団長の中山《なかやま》正暉《まさあき》議員、小渕《おぶち》恵三《けいぞう》外務大臣（当時）、武見《たけみ》敬三《けいぞう》外務政務次官、小沢《おざわ》一郎《いちろう》自由党党首、総理大臣となられた小渕さん、高村正彦《こうむらまさひこ》外務大臣ほか数えきれません。

何度行っても、陳情には慣れません。主人は冷静に話ができるので、いつも感心しているのですが、私は、つい感情的になってしまって、あとで後悔します。法務省の人権擁護局に伺ったときは、本当に腹立たしい思いをしました。これは今思い出しても怒りを覚えます。

人権擁護局に行ったのは、平成十年の十月六日のことでした。

私たちの話を聞いてくださった方は「拉致は究極の人権侵害です」と言いながらも、人権擁護局の仕事というのは、マンションの騒音公害の調停や、マスコミによる人権問題を扱うことが主であると言われました。

「日本人が被害者で海外にいるような前例はない」「人権問題というより刑事事件である」「救出すれば、人権侵害は解決できるが、救出の交渉をするのは外務省」「外務省も公務員として人権を守るのは当然で、法務省から勧告はできない」……。主人がメモしたその方の言葉ですが、人権擁護局の名にふさわしくない内容でした。

主人が「これは刑事事件かもしれないのなら、刑事局に陳情に行ったほうがいいのですか」と尋ねると、「いや、刑事局で扱うものではないかもしれません、でも、今日伺ったことは、ちゃんとまとめて上部に報告します。上部が何ができるか判断します」とおっしゃいました。

私は、相手の方の杓子定規《しゃくしじょうぎ》な話ぶりを聞いているうちに、怒りがこみ上げてきて、陳情のときは「横田めぐみの母でございます」「よろしくお願いいたします」とご挨拶するぐらいで、あとは黙っているのですが、思わず口を差《さ》し挟《はさ》んでしまいました。

「規則だから、何々課が扱うとか何々局が扱うとか、そういうことではなくて、こんなに大事な問題は皆さんが一つになって、本気で考えなくてはいけないことではないのですか」

相手の方は渋い顔をして聞いておられましたし、私もあとになって、少し言い過ぎたかなと思ったのですが、名称どおり国民の人権を擁護する国の機関であれば、きっと何か良い方法を考えてくださると期待していただけに、失望も大きかったのです。

日弁連やアムネスティの方々は熱心に話を聞いてくださいましたが、できることには限界があると知りました。日弁連によって拉致問題について政府に勧告書を出していただいたり、国連に人権救済の提起をして世論を盛り上げることはできますが、国連による勧告には強制力はなく、北朝鮮に無視されれば、それ以上のことはできない、とのことでした。

現実の厳しさを知って、気持ちが挫《くじ》けそうになることもありますが、そのつど、めぐみの顔を思い浮かべ、決して諦めてはいけないと、自分に言い聞かせています。

主人は、今は具体的な進展はないように見えるけれど、政府や外務省は、きちんと交渉を進めてくれているはずだと考えているようです。政治的な問題とか外交的な問題に配慮して、親には言えないこともあるのだろう、と言います。

主人の言うことはもちろん分かるのですが、しかし、母親の心情としては、日朝交渉の妨げになるとか難しい問題があるにしても、同胞を取り戻すためなら、危険を恐れず、目に見えるかたちで交渉を進めてほしいと思わないではいられないのです。

残された家族たちの悲惨

私たちの居所を突き止め、電話をかけてきてくださった兵本さんは、以前から拉致問題について調べておられました。あとから伺ったところによると、兵本さんが初めて拉致事件を知ったのは、昭和六十二（一九八七）年十一月に起きた大韓航空機爆破事件がきっかけだったそうです。

爆破事件の犯人は日本人を装っていた男女二人の北朝鮮工作員でした。二人は逮捕されるとすぐに青酸カリを飲んで自殺をはかりました。男性は死亡しましたが、金賢《キムヒョン》姫《ヒ》という女性は奇蹟的に助かりました。この金賢姫さんの証言から、工作員として訓練を受けた際に「李恩恵《リウネ》」と呼ばれる日本人女性の教師がついていたことが分かりました。金さんはこの人から日本人の生活のこまごましたことを教わっていたのです。

李恩恵という人が日本人なら、昭和五十三（一九七八）年にいなくなったアベックの方々の一人ではないかという話が出てきました。警察が捜査した結果、李恩恵はアベックの方ではなく、「田口八重子《たぐちやえこ》」さんという女性だと分かりましたが、このとき兵本さんは三組のアベック蒸発事件を知り、新潟の蓮池薫《はすいけかおる》さん、福井の地村保志《ちむらやすし》さんと浜本富貴恵《はまもとふきえ》さんのご家族のもとを訪ねて話を聞き、さらに鹿児島に行って市川修一《いちかわしゅういち》さんと増元《ますもと》るみ子さんの事件の調査をされたとのことでした。昭和六十三（一九八八）年のことでした。

どのご家族も、肉親の方々は家出や事故の痕跡がないまま、突然「神隠し」にあったように失踪したと、兵本さんに話されたそうです。

このとき兵本さんが調べたことをもとにして、前に書きましたが、橋本敦《はしもとあつし》議員が国会で質問されたのでした。

梶山静六《かじやませいろく》さんが、「北朝鮮による拉致の疑いが濃厚」と答えられたにもかかわらず、その後、事件は解決されないまま七年が過ぎた平成七（一九九五）年のことです。朝日放送の石高健次さんが、安明進さんから、市川修一さんらしい人を北朝鮮で見たという話を聞きました。これを知った兵本さんは、三組の家族の方々に会って、拉致被害者の家族の会を作って、社会に訴えるよう説得され、家族の方々は、めぐみの事件が報じられる少し前、会を作ることを決意されていたのでした。

そして、めぐみのことが大きく報じられてから一カ月後の三月二十五日、兵本さんや石高さんが奔走してくださったおかげで、「『北朝鮮による拉致』被害者家族連絡会」ができました。

この日は、福井の地村さんと浜本さん、新潟の蓮池さん、鹿児島の市川さんと増元さんのほかに神戸の有本恵子《ありもとけいこ》さんのご家族と、兵本さんからご連絡をいただいた私たちの七家族が集まり、主人が代表に選ばれました。「家族会」には長崎の原敕晁《はらただあき》さんのご家族も入っていましたが、当日は欠席されました。さらに奥土《おくど》祐木子《ゆきこ》さんのご家族が加わり、会は九家族となりました。

有本さん以外は、北朝鮮による拉致の疑いがあると政府が認めた「六件九人」の中に入っていました。

三組のカップルの方の失踪事件のことは新聞で読んでいましたが、原さんと有本さんの事件について、そのときまでは知りませんでした。

あとで分かったのですが、大阪で中華料理店のコックさんをしていた原さん（当時四十九歳）は、北朝鮮工作員が日本人の身分を手に入れるため、昭和五十五（一九八〇）年に、拉致されたのでした。それから五年後、その工作員が韓国でスパイ活動をしているときに捕まって、原さんの事件が発覚したそうです。スパイの主犯の人物が、原さんの名前を騙《かた》っていた工作員でした。原さんはお気の毒に、その工作員と年齢が近くて、身寄りが少なかったことから、狙われてしまったとのことでした。

イギリスに語学留学中だった有本恵子さん（当時二十三歳）は、昭和五十八（一九八三）年七月頃、コペンハーゲンで消息を断たれたとのことでした。八月九日には帰国されるとのことで、飛行機の便名まで知らせておられたそうです。以後、ご両親は手を尽くして捜されたそうですが、手がかりはありませんでした。

ところが五年後の昭和六十三（一九八八）年、札幌に住む男性の家族の方から、思いがけない知らせがありました。その男性から家族のもとに、自分は、有本さんと、熊本出身の京都外国語大学大学院生の男性と一緒に平壌《ピョンヤン》にいるとの手紙が届き、有本さんと熊本の男性の家族の方に連絡してほしいと書いてあったとのことでした。

調べてみると、札幌の方と熊本の方は、昭和五十五年、留学中にスペインで行方不明になっておられたそうです。

その後、ヨーロッパで札幌の男性の方と知り合いになった人が、昭和五十五年の春にバルセロナの動物園で撮った写真が出てきました。札幌の方と二人の女性がベンチに座って笑っている写真でしたが、その二人の女性は昭和四十五（一九七〇）年に起きた「よど号」事件のハイジャック犯の奥さんたちだと分かったそうです。

本当に謎めいた話ですが、北朝鮮は、日本からだけでなく、ヨーロッパにいた日本人まで連れ去っていたということでしょう。

事件は一つ一つ違っていても、残された家族の心痛は同じことです。私たちは、初めてお会いした家族の方々と、お互いの経験談を話し合いました。

めぐみの場合は子どもでしたから、捜索も大規模におこなっていただきましたが、三組のカップルは二十歳を過ぎた方たちで、親から結婚を反対されて駆け落ちしたのではないか、借金があって蒸発したのではないかという噂が流れたり、警察でもそういう見方をされることがあって、非常に辛い思いをされたそうです。

　蓮池薫さんと奥土祐木子さんが失踪したのは、昭和五十三年七月三十一日のことでした。当時、蓮池さんは中央大学法学部の三年生で、夏休みで柏崎に帰省中でした。お祖母さまに夕食は家で食べると言って、Tシャツに半ズボン姿で自転車に乗って出かけていったのが最後でした。化粧品会社の美容指導員をしていた奥土さんは「蓮池さんと六時に図書館で会って、お茶を飲んで、八時までに帰ります」と言って、出かけたまま戻りませんでした。蓮池さんの自転車は図書館の自転車置き場に置いてあるのが見つかりました。

　蓮池さんは、翌日にはお母さんと一緒に妹さんのテニスの試合を見に行くことになっていましたし、財布も免許証も持って出ていませんでした。

　蓮池さんのお宅も海岸に近く、お父さんは、海で溺れたのではないかと思って、海岸を歩いて捜しまわられたそうです。また、名古屋のパチンコ屋さんに薫さんがいるという話を聞き、写真を持って一軒一軒尋ね歩いたり、東京の山谷《さんや》に行って、息子さんに似た人がいないかと、一日中立って見ていたこともあったそうです。

ご両親は、その後も薫さんの下宿代と学費を払いつづけておられました。

「家族会」では、薫さんのお兄さんが事務局長をされています。

福井県小浜市の地村さんと浜本さんは、昭和五十三年七月七日に失踪しました。お二人はその年の十一月に結婚されることになっていて、式場まで予約されていました。どちらのご家族も結婚を喜んでおられ、お二人が家出したりする理由は全然ありませんでした。

浜本さんは早くにご両親を亡くされ、親代わりとなったお兄さんが、「家族会」に参加されました。浜本さんのお名前、「富貴恵」の中に「恵」の字があることから、一時、「李恩恵」は浜本さんなのではないかと推測されて、お兄さんが大勢の記者に取材されたこともあったそうです。

地村さんのところでは、事件のショックでお母さんが体調を崩し、以来寝たきりとなられました。お子さんは別の地に住んでいるので、お父さんが一人で奥さまの看病をしておられるとのことでした。

私は、一度お母さんに会わせてくださいとお願いして、昨年六月、小浜で「拉致被害者を救う会」が開かれたとき、お宅に伺ったことがあります。お父さんが、私たちのことをよく話していてくださったらしく、「横田さんが来てくれたよ」と声をかけると、お母さんが上半身を起こしてもらいながら、あーっと声をあげ、「会いたい、会いたい」と言って、泣きながら手を差し出されました。

私も涙をこぼしながら、その手をぎゅっと握りしめて、「私も一所懸命、頑張りますから、がっかりせずに頑張りましょうね」と言いました。

私たちは元気でいるから、まだいいのです。病気になった親御さんの不安は、どれほどのものかと想像するだけでも辛いことでした。

今年の四月十八日、新潟で開かれた「救う会」のあと、蓮池さんのお母さんとご一緒の部屋で一泊したことがありました。お母さんは夜遅くまで、息子さんが失踪してからの心の苦しみを私に打ち明けられました。ほかの人にはどれだけ訴えても理解していただけない心の内は、同じ体験をした私には、身体《からだ》にしみ込むようによく分かりました。

市川さんのご両親は、息子さんの衣類をきちんと箱にしまったまま、のちに新聞記者の方が取材に来るまで、一度も開けたことがなかった、と言っておられました。二十年前の子どもたちの懐かしい香りが匂い立つような衣類を出し、それを目にすることは、家族にとって、どれほど胸の痛むことだったでしょうか。

それまで、家族の方々は横のつながりもなく、息子や娘、妹が行方不明のまま生死が分からないことだけでも苦痛なのに、心を傷つけられるような噂にも耐えねばならなかったのです。私たちは初めて会ったとき、これからは皆で励ましあって、何とか家族が再会できるようにしましょうと話しました。

このときから私たちは、皆さんと一緒に陳情に出かけ、署名を集め、各地で作ってくださった「救う会」が主催する集会に行って、救出を訴えることになったのでした。家族だけで悶々とした思いを抱えていた私たちは、同じ境遇の方々と励ましあえることができ、どれほど勇気づけられたかしれません。

百万人の署名が集まる

事件の早期解明を政府に求める署名運動を始められたのは、新潟の小島さんでした。小島さんの「〝めぐみさん救出〟に支援の輪を」の投稿が平成九年三月十三日の『産経新聞』アピール欄に掲載され、それを見た大勢の方から協力したいので署名用紙を送ってくださいと申し込みがありました。

私たちも署名を集めることにし、第一号は、新潟県知事の平山征夫《ひらやまいくお》さんに署名していただきました。

小島さんが作られた署名の依頼用紙には「寄付のお願い」が書いてありましたが、私たちは親ですから、運動の費用を負担するのは当然のことだと思い、寄付のことは書かないで、お願いの手紙に署名用紙を添えて、三月下旬から知り合いの方々に発送しはじめました。

親戚の者、主人の銀行の旧友の方、私の学校の同窓生、昔私が勤めていた会社の方々、双子の息子の会社関係の方、小学校、中学校でめぐみの同級だった方、それから教会関係の方たちに手紙と用紙をお送りしました。

少ししてから、すごいことになりました。毎日、毎日、玄関のインターホンがピンポンと鳴っては、たくさんの封書が届きました。私たちはマンションに住んでいますが、あまりにも郵便の数が多いので一階のポストに入らず、わざわざ上まで届けてくださったのです。配達されたのは女の方でしたが、「横田さん、頑張ってね」と言って、玄関で封書を渡してくださいました。

署名をまとめて宅配便で送っていただくこともありました。

私と主人は、夜になると、送っていただいた署名用紙に番号を打ち、空行のあるものにはその旨のフセンを貼っていきました。主人は、きちっとしていますから丁寧に番号を打っていくのですけれど、私は夜中の一時頃になると居眠りしてしまって、番号を抜かしたりすることもありました。それから署名簿を百枚ごとにまとめて、お札に掛ける帯で封をして、この上に何人分と書きました。

そういうことを毎晩、主人と二人でやりました。署名簿と一緒にお手紙をいただくので、お礼のご返事を書くのは私の役目でした。

一応、五月末を第一回目の締切りにするということでしたが、その二カ月間で、二十五万五千人もの方の署名をいただきました。本当にたくさんの署名を寄せていただいて、有難いことでした。それを六月五日に新潟の小島さんに送るときには、段ボール箱で十一箱になりました。宅配便の方が台車を持って来て、重いですね、と言いながら運んでくださいました。一箱が十八キロぐらいあったでしょうか。新潟の小島さんのところには、同じく二十五万名ぐらいの署名が集まっていました。

五月五日、私と主人は、蓮池さんのご両親と一緒に新潟で初めて街頭に立って、署名をお願いしました。万代《ばんだい》シティという繁華街でおこないました。行ってみると、小島さんや「救う会」の方々が、めぐみと蓮池薫さんの写真を大きく引き延ばした立て看板を作り、私たちには選挙の候補者がかけているようなタスキに「父　横田滋」「母　横田早紀江」と書いたものとハンドマイクを用意しておられました。

私はそれを見て、どうしようかと思ったのですが、「はい、お母さん、タスキをかけて」と言われ、こうなったら、一所懸命話すしかないと、マイクを握りしめました。「救う会」の方が、大きな声で、「横田めぐみさんのご両親が来ておられます。皆さんも応援してください」と言ってくださり、私はその声に後押しされ、主人と一緒に署名をお願いしました。

報道陣の方も大勢来ていましたから、通る人々は、最初は遠巻きにする感じでした。どなたかがそのことに気づいて、報道の方に言って少し離れていただきました。すると、署名台にズラーッと並んで、皆さんが熱心に名前を書いてくださいました。地元の方ですから、蓮池さんやめぐみの事件をよく覚えておられたのだと思います。

五月二十五日には、蓮池さんの出身地、柏崎でも署名活動がおこなわれ、六月七日には新潟市の万代市民会館で救出を求める大きな集会が開かれて、蓮池さん、奥土さんのご両親、それと石川県出身の寺越武志《てらこしたけし》さんのお母さんが出席して、ここでも大勢の方に署名をしていただきました。

そして、お願いしてから半年にも満たない短期間のうちに、合計五十七万名もの署名が集まりました。八月になって、私たちはこれを首相官邸にお届けしました。その後も、多くの署名をいただいて、累計で百万人を超え、平成十年四月十七日に、これを小渕外務大臣（当時）にお渡ししたのでした。

六月七日の大会にご一緒した寺越さんのことを少し書きます。

寺越武志さんもまた北朝鮮から戻れずにいる方のお一人でした。武志さんの場合は、昭和三十八（一九六三）年、石川県の高浜港《たかはま》から二人のおじさんと一緒に漁に出たまま行方不明になりました。当時十三歳、中学二年生だったそうです。乗っていた船は翌朝、発見されましたが、何かとぶつかったかのように、破損していました。

それから二十四年も経った昭和六十二（一九八七）年、お母さんのもとに、武志さんとおじさんから、北朝鮮にいるとの手紙が届きました。お母さんは、武志さんはすでに亡くなったものと思って、お葬式まで出していたのです。

お母さんは、その年に国会議員の先生と一緒に北朝鮮に渡り、息子さんと再会しました。武志さんはすでに結婚して子どもさんもおり、お母さんに語ったところによると、あのとき船が遭難して、気がついたら、北朝鮮の清津《チョンジン》の病院に寝ていた、とのことでした。お母さんは、遭難していた息子たちは北朝鮮の船に救ってもらったのだと思われていたのですが、実は北朝鮮の工作船と出会ったために、拉致されたのではないかという疑いが出てきました。

お母さんはこれまで、七回、北朝鮮に行き、息子さんに会っていますが、息子さんはそのつど「元気でいるから、心配しないで」と言うそうです。ときどき、お母さんは息子さんから「仕送り」を頼まれるとのことです。お母さんの年金の中から、それを賄うのは相当な負担だと思います。

助けられたのではなく、拉致だとしても、監視付きながら息子さんに会うことができるお母さんの胸中は複雑なものがあると思います。

温かい励ましの声

平成九年中に、新潟だけでなく、全国各地で「救う会」を作っていただき、主人と私は、会が主催する救出大会に伺って訴えを聞いていただいていますが、その会の前後に街頭署名もおこないました。今までに、芦屋、東京、大阪、熊本、福岡、宮崎、福井県の小浜、新潟の柏崎、神戸、鹿児島、京都、中央大学、札幌、福井、長崎、熊本の八代へ呼んでいただきました。このほか、聖蹟《せいせき》桜ヶ丘、八王子、船橋、川崎、有楽町、大宮、柏、水戸、横浜の桜木町でも署名を呼びかけていただき、主人と私も参加しました。

街頭での署名活動では、八王子の中学の先生をしておられた佐藤佐知典《さとうさちのり》先生に大変お世話になりました。佐藤先生の妹さんがめぐみのお友だちで、お父さまは日本銀行に勤めておられて、新潟でご一緒でした。転校したてのめぐみのところに真っ先にやって来て、馴れないめぐみを学校に誘って行ってくださったのが、その妹さんでした。佐藤さんご一家は、私たちが新潟に移ってまもなく名古屋に転勤されて、寂しくなっちゃったねと、しばらくのあいだ、めぐみと話していました。

佐藤先生は卓球部の顧問をされていて、その部員の方たちが聖蹟桜ヶ丘の駅前に立って、署名をお願いしてくれたのでした。

その日は、用紙がビシャビシャになるほど、ものすごい土砂降りでした。生徒さんたちは傘をさして、絶叫するみたいな声で「署名をお願いしまーす」と言ってくれて、私はめぐみと同じ紺色の制服を着て街頭に立っているその姿を見ているだけで涙が出てきました。私は「ほんとに有難う」と、感謝の気持ちでいっぱいでした。

ちょっとお腹が空いたから何か一緒に食べて暖かくなりましょうと言って、帰りに皆でスパゲティを食べました。あとで生徒さん全員が手紙をくださって、あのときのスパゲティがとてもおいしかった、また、今度食べましょうねなんて、書いてありました。

その後、卓球部の試合があると聞いたので、ジュースを差し入れたことがありました。皆、これを飲んで試合に絶対勝つんだぞと言い合っていたそうですが、本当に勝ったので、すごく感激したと、手紙をくださいました。

今度、横田さんのうちに行っていいですかと生徒が言っていると、佐藤先生がおっしゃるので、どうぞとお招きすると、十人ぐらいの生徒さんがやって来て、歌を歌ったり、息子が置いていったピアノを弾いたりして、夕方まで楽しく過ごしてくださいました。皆、素直で愉快な生徒さんばかりでした。

めぐみが通っていた新潟小学校の校長先生をされていた馬場《ばば》吉衛《よしえ》先生は、私たち家族の運動を支援してくださる方のお一人です。先生は私たちが初めて街頭に立った五月五日に、めぐみのお友だちの方々が一所懸命、署名を呼びかけたことを新聞でお知りになったことがきっかけとなり、小島さんのご近所に住んでおられたこともあって、すぐに協力を申し出てくださったのでした。

めぐみは、転校して初めて馬場先生のお話を伺った日、帰ってくるなり、「お母さん、今度の校長先生って、ほんと、すごく格好いいんだよ」と、例の調子で言ったことを覚えています。どんなふうに格好いいの、と聞くと、「外国の俳優さんみたいな顔をしている」と、めぐみは言っていましたが、馬場先生はその頃と少しも変わっておられず、お会いするたびに、めぐみの言葉を思い出します。

めぐみは小学校六年生の二学期に新潟小学校へ転校しましたから、わずかのあいだしか在籍していなかったのです。しかし、次の学校への転勤が決まっておられた馬場先生は、めぐみに卒業証書を手渡されたときのことは、とりわけ印象深く思い出されると、小島さんの会が発行している救援ニュース『海鳴』に一文を寄せておられます。

今年（平成十一年）の八月、馬場先生は「教え子の悲劇を救って」と、アメリカのクリントン大統領宛に英文で四枚にわたる手紙を書いてくださいました。先生は、めぐみとの間柄や、救出のためにどのような活動をしたかを書かれ、「かつてのかわいい教え子が不憫《ふびん》な境遇にいる現実を知って私は、看過傍観《かんかぼうかん》することが出来ない。めぐみさんをはじめ、諸外国を含めた多くの人たちの救出のために格別の援助をお願いします」と、胸の内を綴られたのです。

このことを報じた『新潟日報』（平成十一年八月二十五日付）には、「ほんのわずかでも明るい方向が見えるのなら何でもやりたいと思い、直接大統領に手紙を出すことにした」とおっしゃる馬場先生の言葉が載っています。

馬場先生はまた、各地で開かれる支援の会には必ずお出かけくださいます。短い出会いにもかかわらず、教え子を救うための、その献身的なお姿には本当に頭が下がり、感謝の気持ちでいっぱいです。

広島にいた頃、めぐみと弟たちが一緒に学校へ行ってあげた男の子のお母さまは、めぐみのことをとても可愛がってくださり、私たちが新潟へ引っ越してからも文通を続けていたのですが、めぐみがいなくなったことを知ると、大好きなコーヒー断《だ》ちまでして、無事を祈ってくださっています。

めぐみが失踪してまもないとき、この方は不思議な夢を見たということを便箋六枚に書いてこられたことがありました。

友人たち数人と旅行中、アジアの密林らしいところに迷い込んだ夢で、どうしようと思っていると、目の前に銃を持った何人かの兵士のような男があらわれて、ハッとしたら、その後ろに長い髪を一つに結い、赤ちゃんを抱いた女の人がいて、よく見ると、それがめぐみだったのだそうです。あっと、その方が声をあげそうになると、その女性は、シーッというふうに目で合図して、私はここに元気でいるんですからね、何も言わないで早く逃げて、と言っているように思ったので、その方は、友人たちとすみやかに、元来た道を走って逃げた……そういう夢を見たと、手紙に書いてこられたのでした。

私はときどきその手紙を読み返しては、ジャングルでもどこでもいいから、めぐみに生きていてほしいと思っていたのですが、めぐみが北朝鮮にいると分かってからは、あの方が見た夢は、こういうことだったのかと、何だか怖くなってきました。

この方も、私たちの運動を最初から熱心に応援してくださっているのですが、最近、この方から、北朝鮮の体制が変わったという夢を見た、これからも頑張りましょうね、という手紙をいただきました。それが本当のことになればいいのですが……。

考えてみれば、めぐみはこの世に生を享《う》けてから十三年間しか、日本で生活しなかったことになります。にもかかわらず、その十三年のあいだに、めぐみと出会った多くの方々が、二十年もの歳月が過ぎたのちに、私たちに力を貸してくださっているのです。私たち一家は転勤族でしたから、一つの土地から離れてしまえば、それっきりになることのほうが多いはずなのに、皆さんがめぐみのことを覚えていてくださるのは、有難く、また奇《く》しきご縁だと思うのです。

今年（平成十一年）の春に熊本に伺ったときは、熊本工業大学付属の文徳《ぶんとく》高校という私立学校の生徒さんの前でお話ししました。四月十四日のことでした。

熊本の「救う会」に参加しておられる文徳高校の阿部《あべ》光二《こうじ》校長先生が呼んでくださったのですが、そこの生徒さんたちは、去年の夏休み中に三万人もの方の署名を集められたとのことでした。

佐藤勝巳さんと私たち夫婦が、文徳高校の体育館に入ると、ぎっしりと生徒さんで埋まっていたので驚きました。あとで伺うと千三百人もの方々がいらしたそうです。その生徒さんたちが一時間半のあいだ、私語一つ発しないで、私たちの話を聞いてくださいました。

私は、めぐみがどんなふうにいなくなったか、どうやって捜したのか、二十年のあいだ、親としてどんな思いでいたのかを、お話ししました。そして、皆さんのお父さん、お母さんも、あなたたちがいなくなったら、きっと死に物狂いで捜されることでしょう。それほど親は、子どものことを思っています。ですから皆さんも、ご両親や先生方が教えてくださることを、素直に聞いてくださいね、元気でいてくださいね、と言って話を終えました。

途中で泣いていた女のお子さんもいました。「起立っ」と先生がおっしゃると、生徒さんたちは一斉に立ち上がって、私たちが出口に向かって歩いていくときは、「頑張ってください」と言って拍手してくださったのが本当に有難くて、私は泣きながら体育館を出ていきました。

この頃の若い人たちは、授業が始まってもおしゃべりをやめないという話をよく聞きますけれど、こういう人たちもいてくださるんだなあと感激しました。文徳高校は、阿部先生が来られるまでは「荒れた学校」として知られていたそうです。窓ガラスが割られたりして、荒廃していたと伺い、若い人たちは、指導される方次第なのだなあと、つくづく思ったことでした。

安明進さんとの再会

主人と私は、この二年のあいだ、めぐみのことがなければ、生涯お目にかかることはなかったような方々と出会いました。普通の生活が続いていたなら、よもや北朝鮮の工作員だった安明進《アンミョンジン》さんという方と話をすることなど考えられないことでした。工作員とはスパイ活動をする人間です。小説や映画の世界ならいざしらず、現実にそういう人がいて、しかも面と向かって、その人と言葉を交わすことになろうとは、二十年前の私には想像すらできなかったことでした。

めぐみの消息が分かった直後に私たちがソウルで安明進さんに会ったこと、安さんが自分の証言の信憑性を証明するためにマスコミに名前と顔を出し、本を書かれたことは、前に書きました。

安明進さんは、平成五（一九九三）年八月、韓国に亡命しました。

安さんのような人たちは「金正日政治軍事大学」で工作員として養成されるそうです。安さんは「韓国でスパイ活動をするため」の訓練を受けました。韓国で実際に活動するのですから、潜入したときに戸惑わないように、韓国の街の様子とか日常生活でのふるまい方を教えられるのだそうです。北朝鮮では、韓国は非常に貧しく、それに比べて北朝鮮は幸せだと国民に言っていますが、安さんは訓練をうけているうちに、実際の韓国は、これまで教えられてきたような国ではないことに気づき、密かに亡命することを決めていたのでした。

それで工作員の仲間四人と初めて韓国に偵察に出たとき、三十八度線を越えて亡命を決行したのです。後ろからは仲間に撃たれるかもしれない、前からは韓国の警備兵に撃たれるかもしれないのですから、まさに命がけでした。

亡命者は北朝鮮に残してきた家族に類が及ぶことを恐れて、名乗らないのが普通とのことです。家族に危害が加えられるだけでなく、亡命者自身が殺されたりすることもあるのです。安明進さんは、それを承知で名前を明かし、マスコミの前に顔を出してくださったのでした。

安明進さんは、私たちに会い、子を思う親の気持ちに心を動かされて、そうすることを決心されたのだと、平成十年三月に出版したご自分の本（『北朝鮮拉致工作員』）に書いておられます。安さんがそういう行動をとってくださったのは、私たちに会ったからだけでなく、祖国のことを思ってのことでもありましょうが、その勇気ある決断がなければ、めぐみをはじめ、拉致された人々の消息は依然として摑めなかったことでしょう。

昨年（平成十年）七月、「北朝鮮に拉致された日本人を救うための全国協議会」が、安明進さんを日本に招《よ》ばれました。その年の春には、国会で証言してもらってはどうかという話が出たそうですが、残念なことにそれは中止になっていたのでした。

主人と私は七月三十一日に、新潟空港まで安さんを出迎えに行き、空港の特別室で開かれた記者会見にも出席して、ご挨拶をしました。

ソウルのときは緊張した固い表情でしたが、一年半ぶりにお会いした安明進さんは、穏やかな笑顔を浮かべて、私たちに挨拶されました。真摯《しんし》な青年、という最初の印象は変わらず、記者会見でも、分からないことは分からないと言い、一つずつ正確な言葉を選んで話される態度が印象的でした。

安明進さんは新潟空港での記者会見で、こんなことをおっしゃっていました。

実は率直に申しあげまして、私は三年前までは、北朝鮮によって拉致された日本人のことについて、祖国の統一（韓国との統一）のためには当然であるというような考え方を持っていました。ですから、北にいた時も拉致された人に対して、本当に同情心を持って対することができなかったことを、まずおわび申し上げたいと思います。私がそのように考えた理由は、北朝鮮当局から、わが国の分断された原因の大きな部分は日本のためである、ということを何回も何回も教育されましたので、統一のために日本人が犠牲になることは当然だというふうに思っていたことであります。

（「救援ニュース」№５）

私は、安明進さんがそのような考え方を持っていらしたことを聞き、これほど聡明で真面目な青年が、一つの体制の中で一つの教えに従い、それだけを信じて突き進んで来られたことに大変な恐怖を感じました。もっと温かい、人間らしく血の通った教育の中でなら、どんなに豊かで素晴らしい人間性を発揮されたことでしょうに、と教育や政治すべてのことに及んで思い巡らしました。

安明進さんは八月十日にソウルに戻るまで、新潟、柏崎、東京、神戸、鹿児島、福岡で講演会をおこない、めぐみや蓮池さんと奥土さん、市川さんと増元さんの失踪現場を見、いくつかの記者会見に出席しました。

主人と私はそのすべてにご一緒し、福岡では、私たちの長男も交えて会食をしました。長男が安さんとは英語で話したら分かるかなと聞くので、私は「安さんは賢《かしこ》い方だから、大丈夫だと思うよ」と言い、実際、安さんは英語がさほど達者ではなかったようですが、二人は英語で一所懸命に話していました。

長男が、ドイツでは、心を一つにして協力しあうとき、その証《あかし》として互いが持っている大切なものを交換するという習慣があるけれど、韓国ではどうですかと尋ねると、安明進さんは、サッと自分のはめていた腕時計をはずして、「めぐみさんが帰って来るまでお互いにはめていましょう」と長男に渡しました。

安さんは、長男が「何か大切なものを交換しましょう」と言ったと思われたのでしょう。あいにくその日、長男は腕時計をしておらず、会食が終わるとすぐに私たちは長男の家に行き、時計を預かってきて、ホテルで安さんにお渡ししました。

安明進さんと双子の弟たちは、同じ年の同じ月生まれで、誕生日は三日しか違いませんでした。安さんは命がけの苦労をされてきたのですから、逞《たくま》しさは比べものになりませんが、息子とほとんど同じ頃に生まれた青年が、めぐみの行方を証言してくださったのですから、不思議なご縁というほかありません。そして、安明進さんは今、韓国の方と結婚し、幸せに過ごしておられることを知り、嬉しく思っています。

安さんは新潟空港での記者会見で、こういうこともおっしゃっていました。

北朝鮮による外国人の拉致について具体的に証言をすることができる人は、韓国には他にもいるというふうに考えます。その人たちはこの問題については話したくない、巻きこまれたくないという立場に立っています。

そういう人たちを見て、私は少し胸が痛く、あるいは若干憎しみのようなものまで感じます。知っている人たちがもっともっと声を出してくれれば、ここにいらっしゃるご家族の方たちの助けになるのにと、本当に残念な気持ちです。日本政府はもっと強い声をあげ、また、家族のみなさん、あるいは運動をやっている日本国民の皆さんが、もっともっと声をあげていけば、その証言できる人たちも「あ、これは解決の可能性が見えるな」と考えて、証言してくれる可能性はあると、私は信じます。

（「救援ニュース」No.5）

私はときどき、もしも翼があれば、海の向こうに飛んでいって、めぐみを救い出せるのに、と夢物語のようなことを考えます。めぐみを取り戻せるなら、わが身がどうなろうと構わないという覚悟はできています。

現実には、安さんが言われるように、亡命者の人たちが勇気をふるい起こして、さらに確実な証言をしてくださらない限り、めぐみたちが帰ってくる可能性は拓けてこないのかもしれません。

しかし今は、親としてできることを精一杯やり、希望を失わず、めぐみとの再会の日が来ることを信じ、その日を待ちたいと思っています。

旧ソ連のキルギスでは、日本人の技術者の方々が拉致されたとのニュースが報じられています。

私は、そうした事件を聞くたびに、その犯罪の卑劣さを思い、そして拉致された方のご家族の心痛がどれほどのものであるかを考えて、身体が震えるほどの憤りを覚えます。

何の前触れもなく、わが子が、あるいは夫や妻が、父や母がいなくなってしまったとき、残された者たちは皆、ああ、あのときに、こうしていればよかった、ああすればよかったと考えては、わが身を責め、いなくなった者の生死を知りたいとの焦燥感にさいなまれ、おのれの無力さを思って泣きわめきたくなるのです。

平成九（一九九七）年一月、二十年目にして初めて、娘のめぐみの消息が浮上し、めぐみを拉致した北朝鮮という国が、俄《にわか》に私たちの前に大きくクローズアップされてから、すでに二年以上の歳月が過ぎました。

この間、拉致被害者の家族を支援してくださる方々の啓蒙運動のおかげで、ようやくたくさんの人たちが拉致の問題を真剣に見つめてくださるようになりました。

今年（平成十一年）の五月二日には、日比谷公会堂で、めぐみたちの救出を訴える大きな集会（「北朝鮮に拉致された日本人の救出を国政の最重要課題にするための国民大集会」）がありました。「北朝鮮に拉致された日本人を救出する会」会長の佐藤勝《さとうかつ》巳《み》さんと主人が実行委員長となり、各界の百三十人の方々が呼びかけ人となって開かれることになったのでした。櫻井《さくらい》よしこさんが、呼びかけ人の代表となってくださいました。

当日は、蓮池薫《はすいけかおる》さん、奥土祐木子《おくどゆきこ》さん、地村保志《ちむらやすし》さん、市川修一《いちかわしゅういち》さん、増元《ますもと》るみ子さん、有本恵子《ありもとけいこ》さんの家族の方々のほかに、韓国からも拉致被害にあった家族の方が出席されました。留学中の息子さんを拉致された李《イ》永旭《ヨンウク》さんと、漁船員だった夫を拉致された金太妹《キムテジュ》さんとその娘さんの崔祐英《チェウヨン》さんです。

弁護士をしておられる李さんは、主人と同年配の方で、私たちとは上手な日本語で話されました。この方の息子さんはマサチューセッツ工科大学で経営学を勉強しておられたのですが、ヨーロッパの事情を知っておいたほうがいいとのことで、夏休みにオーストリアに行っているときに拉致されました。

金さんのご主人は、魚を追って北朝鮮に越境していたところを捕まったとのことでした。こういう場合、スパイでないと分かれば罰金を払って帰ってくることができるそうです。ご主人も帰ってくるはずだったのですが、そんな中、北朝鮮から韓国に亡命してきた金万鉄《キムマンチヨル》一家とご主人を交換しようという北朝鮮のとんでもない要求を韓国政府が断ったため、スパイ容疑の名目で、そのまま強制収容所に入れられてしまったのでした。

大会が終わったあとのことになりますが、私たちは、金さんと崔さん母娘が新宿で買物をするのにお付き合いしました。二十九歳になる崔さんは日本語が上手で、とても人なつこい方でした。めぐみよりは五歳若いのですが、めぐみが帰ってきたら、日韓両国語を話し、こんな感じなのかしらなどと思いながら、楽しく街を歩きました。

ゴールデンウィークの真ん中の五月二日に開かれる大会には、どれくらいの方が来てくださるか心配でした。私と主人は、大会の前日まで、毎晩夜中の一時頃まで、お友だちや知り合いの方に案内状を出したり、電話でご連絡をとりました。

せめて会場の一階だけでもいっぱいになってほしいと思っていたのですが、午前十時半頃に会場に行くとすぐに控室に案内されましたから、どのくらいの方がいらしているのか分かりませんでした。

まもなく会が始まるというとき、主催事務局の方から、二階、三階まで人で埋まっていますと言われ、舞台の袖から覗いてみると、本当に大勢の人がいらして、ああ、すごいなあと思って、感激しました。あとで伺うと、二千人近い方が参加してくださったとのことでした。

呼びかけ人の一人で、エッセイストの南美希《みなみみき》子《こ》さんの司会で会は進みました。新潟小学校でコーラス部の指導をしておられた斎藤邦《さいとうくに》先生は「とどいて、わが子へ、友へ」という歌を作ってくださり、会の始まりに有志の方々がこの歌を合唱されました。歌と言えば、会の最後には、大阪在住の若い方たち三人が、ギターを弾きながら「祈り～故郷に帰る日」という自作の歌を歌ってくださいました。こんなに若い方が、めぐみたちのことに関心を持ってくださっているのを見て、私は感謝の気持ちで胸が熱くなりました。

斎藤先生のコーラスに続いて主人が挨拶し、韓国の家族の方々がお話しされたあと、櫻井よしこさんが司会され、佐藤勝巳さん、評論家の屋山太郎《ややまたろう》さん、軍事ジャーナリストの佐藤守《さとうまもる》さん、そして元新潟小学校の校長先生、馬場吉衛《ばばよしえ》先生が、拉致問題についてそれぞれのお考えを述べられました。

次は私たち家族の挨拶です。二階席にいた私たちは、階段を踏みはずさないように気をつけながら舞台へ急ぎました。私は、こんなに大勢の人たちの前で話したことはありません。会場のほうが暗かったのを幸いに、私は震える足に力をこめ、話しました。

「娘のめぐみは、二十二年前、暗い船倉に閉じ込められ、北朝鮮に連れ去られました。船倉にいるあいだじゅう、『お母さん、お母さん』と言って泣き叫び、爪が剝がれるまで壁をかきむしったそうです。その暗い船倉の中で、娘はどれほど恐ろしい思いをしたことでしょう……私と主人はあのとき以来、めぐみから『お父さん、お母さん、どうして早く迎えにきてくれないの』と言われつづけている気がして、辛く苦しく悲しい日々を過ごしてきました……一日も早く娘との再会が果たせますよう、どうかご支援くださいますよう……」

無我夢中で話しているうちに、真っ暗闇の中で「お母さん」と言って泣いているめぐみの姿が脳裏をよぎって、涙がポロポロ出てきました。

続いて、蓮池さんの両親とお兄さん、奥土さんのお父さん、地村さんのお父さん、市川さんのお兄さん夫妻、増元さんのお父さんとお姉さん、弟さん、有本さんの両親が順番に挨拶しました。

お年を召した親御さんたちはみな、声を振りしぼるようにして切々と救出のための支援を訴えられ、ごきょうだいたちは穏やかな声ではありましたが、日本政府はなぜ北朝鮮に対して強い姿勢でのぞまないのかと批判されました。その歯がゆさ、悔しさは私たち家族に共通する思いです。

めぐみたちは単なる行方不明者ではありません。家出や蒸発や誘拐なら、家族が全力を尽くして捜し出すこともできたでしょう。しかし、めぐみたちは、家族の力ではどうにもならないほど大きな力によって、私たちのもとから無理やり引き離されたのです。

めぐみの事件の翌年（昭和五十三年）、日本海沿岸で三組もの若いカップルの方々が忽然《こつぜん》と消え、もう一組の方は幸い逃げおおせたことが報道され、それらのことが事実起きたことであり、あまりに類似点が多く、時も同じくしていることであるだけに、なぜもっと疑問を持たれなかったのか不思議でなりません。

そして、「拉致」などという、普通の人間には考えられないような恐ろしい事件が起きていたにもかかわらず、二十年ものあいだ、その被害者を助けようとせず、知らんぷりをしてきたこの国のありさまは、なんと哀しく悲観的なことでしょうか。

長い年月、日本から拉致された若人たちが、息を詰めるように暮らしている国のことを思いながら、予想されていたはずの拉致の問題が、このように長いあいだ陽の目を見ることがなかった日本の国のことを、私はしみじみ哀しく見つめています。

私たちの幼い頃は、私の父も含めて一家の父親の権威は強く、卑怯なこと、嘘をつくこと、正義感のないことなど、人間として最も基礎となる礼節に欠ける問題については、日々厳しく躾けられたものでした。生活の中でのさまざまな成長の段階で、醜い自我が増長したとき、父は女の子であっても容赦なく、手厳しい導きをしたことを覚えています。

また、どのような小さな命をも大切にすること、山花草木を愛する心、風や雲や大自然の美しさに心を寄せ、見えないけれど、すべての命を育んでいる何ものかへの畏怖の念と感謝の心を、父も、そして母も、あらゆる生活の場で教えてくれました。

戦後、日本は戦争による未曾有の惨禍を乗り越えて復興し、今や日本には豊かなものが溢れ、日本人は、平和で、のどかで、満ち足りた生活を営むことができるようになりました。しかし、一方で日本には、本当に大切なものが、影もかたちもなく消え去ってしまった気がします。

今、私たち家族にできることは、政府に対して救出を訴えつづけていくことしかありません。日朝交渉に当たられる政府の方々に、私は言いたいのです。

皆さまの中には私たちと同世代の方も多くありましょう。過ぎし日、日本人としての誇りをしっかり持って私たちを育んでくれたそれぞれの「父性」がよみがえってきます。私は今、その頃の凜然とした姿の日本の男性の心意気を思いながら、本当にいさぎよい心で、不当に連れ去られた日本人同胞を、一刻も早く真剣に救出していただきたいのです。

櫻井よしこさんは五月二日の大会の「呼びかけ」を、つぎのように書いておられます。

十三歳の少女だった横田めぐみさんが忽然と姿を消してから二十二年間が過ぎました。

日本海や鹿児島の海岸から若い男女が次々と姿を消していく摩訶不思議な事件が盛んに報道され始めたのが、一九八〇年代初期のことでした。

梶山静六国家公安委員長（当時）が、これら行方不明事件は「北朝鮮による拉致の疑いが十分濃厚である」と国会答弁したのが八八年でした。

そして、生死も全くつかめていなかっためぐみさんについて、めぐみさんらしい女性が北朝鮮に生存していると、国会で明らかにされたのは九七年二月でした。政府はその後、北朝鮮に拉致された日本人は、めぐみさんを含め七件十人いるとの点を明確にしました。

ここまで明確に事態を把握しているのであれば、政府は、拉致された人々の救出を、国政の最優先課題とすべきでした。理由は言うまでもなく、政府の第一義の責任は国民の生命と財産と人権を守ることにあるからです。

現実には、では、何か行われているか。日本政府は、北朝鮮外交の中で、日本人救出の決め手を欠き、アメリカ及び韓国との外交関係の枠内で、北朝鮮への援助を続けてきました。

食料不足の北朝鮮に人道的支援としてコメを送り、一握りの日本人妻の帰国と事実上、交換条件のような形で再びコメを送り、北朝鮮に軽水炉建設のための資金として十億ドルの支援も約束しました。

実際の使い道は別として、これらは北朝鮮の国民への人道的支援と平和を意図した政策ではあります。北朝鮮の国民の皆さんの窮状を救うことに、なんら反対する気はありません。むしろ、尋常ならざる困窮の中に身を置かざるを得ない多くの人々の苦しみを思えば、胸に迫るものがあります。

しかし、私たちが、どんなときにも、どんな状況下でも、決して忘れてはならないのは、まず自国の国民のことです。日本国民の生命を守り、安全を確保し、日本国民への人道的配慮と人権の尊重を欠かさないことこそが日本政府の責任です。

国民を守り抜いた上で、国ははじめて、国際社会のためにも役立つ活動をすべきなのです。

国会でめぐみさんの存在が伝えられてから、二年近くが過ぎました。行方不明者は「北朝鮮による拉致の疑惑が濃厚」と述べ、政府が疑惑を抱いてから十一年が過ぎました。

そして拉致されて二十二年、十三歳だっためぐみさんも今年で三十五歳になっているはずです。

この他、結婚を待つばかりだった二十三歳同士のカップル、地村保志さんと浜本富貴恵さんは、四十四歳になっているはずです。

学生だった蓮池薫さんとガールフレンドの奥土祐木子さん、市川修一さんと増元るみ子さんも、皆、輝くばかりの若さとエネルギーのまっ只中にあった時期を過ぎて、今、四十代の半ばに達していることでしょう。

これだけの長い歳月が過ぎても尚、これらの人々とその他、拉致されたとしか思えない複数の人々の救出は、全く進んでおりません。彼らをどうしたら救っていけるのか。

北朝鮮と外交関係がないことも、北朝鮮との交渉が非常に難しいことも周知のことです。

だからこそ、今、思想、信条の相違を越え拉致事件の解決を国政の最優先課題として取り組むことが必要だと考えます。困難な課題であればこそ、全能力を傾注してあたる姿勢が欠かせません。見通しがたちにくい課題であればこそ、決してひるまない勇気が必要です。絶望しかかった時こそ、北朝鮮で自由を奪われ、祖国に帰ることも、生きていることを家族に知らせることも許されず、孤独の中で耐えている人々の心を思いやることが大切です。

めぐみさんやその他多くの日本人救出のために、何もなし得ないでは、政府も国もありません。政府を政府たらしめ、国を国たらしめて同胞の救出を可能にするために、立場の相違をのりこえていま、国民の声を結集して参りたいと思います。（後略）

櫻井さんのこの「呼びかけ」は、私たち家族が等しく抱いている思いを代弁してくださるものであり、正義と善意と勇気に満ちた潔い政治家の方々が、一丸となって交渉にのぞんでくださることを、私たち家族は今、切に願っているのです。

お礼のことば

娘が北朝鮮の工作員によって拉致され、平壌で暮らしていることが浮上してから二年八ヵ月が経ちました。拉致問題のことや被害者家族の苦しみを一人でも多くの方に知っていただくために、これまでのことをまとめてみてはどうかとのお勧めがあり、十三年間という短い年月を共に過ごした娘の思い出を連ねて、この本を書きました。万が一、解決を見ぬまま私たちが倒れても、いつの日か救出されためぐみたちが、家族だけでなく、日本の心ある人々が、どれほど一人の少女や多くの拉致された同胞のことを思い、救出のために心血を注いで動き、祈ってきたかを知ることができるのではないかと思っております。

残念なことに、事件の解決に向けては何一つ進展していません。しかし、国内の、そして国際的な世論は徐々に変化していると思います。以前は「拉致はデッチ上げ」

「拉致のこともあるが、人道的な見地から北朝鮮に食糧援助をすべきだ」との声がありましたが、今では「テポドン発射や不審船を侵入させる国なら、拉致もやっただろう」「拉致問題で北朝鮮が前向きな態度を示さなければ、食糧援助はおこなうべきでない」というふうに変わってきました。今年の三月四日には小渕総理大臣が被害者家族と面会してくださり、また、機会あるごとにアメリカや韓国、中国など各国首脳の方々に協力を求めてくださっています。九月に出たペリー調整官の報告書にも「日本人の拉致問題の解決が必要」と記載されているとのことです。

このような変化は、五月二日におこなわれた国民大集会の呼びかけ人代表の櫻井よしこさんがおっしゃったように、「同胞を救出せよ」との国民の方々の声が結集した結果であると思います。国会議員の先生方、救援運動を始めてくださった小島晴則さま、佐藤勝巳さま、荒木和博さまはじめ現代コリア研究所の皆さま、全国の支援会の皆さま、百二十五万もの署名、さらには募金を寄せてくださった皆さま、めぐみの失綜当時から励まし続けてくださった皆さま、報道機関の方々、そして勇気ある発言で真実を明らかにしてくださった安明進さんに心から感謝申しあげます。

書きはじめてはみましたものの、めぐみが失踪したときのことは昨日のことのように記憶しているのに対し、最近のことは、あまりにも多くのことがあり過ぎて正確なことが思い出せないところもありました。主人が克明につけていたメモをもとに、救援だより『海鳴』をはじめ、関係者の方々のご著書などを参考にさせていただきました。本当に有難うございました。本の出版にあたって終始お世話になりました『現代コリア』編集長の西岡力さま、新井佐和子さま、草思社の増田敦子さんにも大変お世話になりました。有難うございました。

国民のすべての方々、政治に携わるすべての方々が、たとえ一日だけでも、わが子がこうなってしまったらと、静かに思い致してくださり、一日も早い救出のため、そして、誰に起きたかもしれない、このような恐ろしいことが二度と日本国内で起こらないために、ご支援くださいますよう、心からお願いする次第でございます。また、相手国の北朝鮮の国にも、温かく血の通った、人間らしい社会が実現されますことを、祈るものでございます。

平成十一年九月

横田早紀江

解説

西岡力（「救う会」会長・東京基督教大学教授）

本書は、横田めぐみさんの拉致が発覚し、家族会・救う会が救出運動を始めて二年半経った時点である平成十一年秋に単行本として出版された。文庫版出版が平成二十三年二月だから、それから十一年が経ったが、いまだに横田めぐみさんたち多くの拉致被害者を助けることができないでいる。慚愧に堪えない。

この間の出来事を整理しよう。平成十四年九月十七日、小泉純一郎首相が平壌を訪問し金正日と会談、金正日は拉致を認め謝罪した。

その年の一月、ブッシュ米大統領は北朝鮮の核ミサイル開発を、戦争をしてでも止めさせるという演説を行って金正日への圧力を強めていた。韓国に亡命した労働党、政府、軍の元高官が「日本は国交正常化すれば一兆円の経済支援をすると約束した」

と証言している。水面下で北朝鮮と交渉していた外務省の田中均アジア大洋州局長は、拉致被害者の消息を出すことを北朝鮮側に求め、それに対して北朝鮮は、小泉首相の訪朝と早期国交正常化を約束する平壌宣言への署名を求めてきた。

北朝鮮は新たな二つの嘘を準備した。すなわち、拉致したのは十三人（地村保志さん、浜本富貴恵さん、蓮池薫さん、奥土祐木子さん、横田めぐみさん、田口八重子さん、市川修一さん、増元るみ子さん、原敕晁さん、松木薫さん、石岡亨さん、有本恵子さん、曽我ひとみさん）だけ、そのうちめぐみさんをはじめとする八人（地村・浜本夫妻、蓮池・奥土夫妻、曽我さんを除く八人）は死亡したという嘘である。国交正常化を急ぐ田中局長は現地でそれを確認せずに受け入れ、結果として北朝鮮と結託してめぐみさんたちを「死亡」として拉致問題を終わらせようとした。

九月十七日小泉首相一行が平壌に着くと、北朝鮮外務省は田中局長に十三人の被害者の名前と家族関係、八人については死亡日が書いてある紙一枚を渡した。田中局長は「死亡」とされた八人について遺骨の提供や死因の説明を全く求めずその通報を受け入れた。その上、日本で待つ福田康夫官房長官らに死亡日部分をはぶいて八人死亡、五人生存とだけ伝えた。

当日、朝から横田早紀江さんたち被害者家族は国会議員会館で平壌からの連絡を待っていた。午後になり官房長官から連絡があって、平壌と暗号電話がつながる外務大臣公邸で被害者の消息を伝えるという。全員について消息を伝えるという条件がついたので、しぶしぶ家族は公邸に移動した。

そこで「いま慎重に確認作業をしている」と言われて一時間程度、待たされた末、横田さん夫妻と弟さんたちが最初に別室に呼ばれ、植竹外務副大臣から「残念ですが娘さんは亡くなっておられます。確認のためにこれまでお待たせしました。子どもが一人います。死因も死亡日もわかりません」と通告された。その後、有本恵子さん家族、市川修一さん家族、増元るみ子さん家族が順番に呼ばれて同じ通告を受けた。

しかし、死亡の確認作業は行われていなかった。いや、平壌の田中局長には確認作業を行う意思がなかったという表現がより正確だろう。午前の会談が終了し二時間の休憩となった。平壌に同行した安倍晋三官房副長官のところに、生存とされた蓮池夫妻、地村夫妻とめぐみさんの娘が、あるところで待機しているので確認に行きますと伝えられた。安倍副長官が、小泉首相が会うからここに来てもらえと指示すると、少し離れたところで難しいという。安倍副長官が、それでは自分が行くと伝えると、本人たちが望んでいないという理由で拒絶された。そのうちに午後の会談の時間が近づき、事務方の役人が向かうことになった（以上は九月十八日朝、安倍副長官から西岡が直接聞いた）。

現地には警察の専門家も来ていたが田中局長が派遣したのは、梅本和義・駐英大使館公使だった。梅本氏は前任の北東アジア課長だったが、当時は車や部屋などの手配などを担当していて、被害者に会うための事前準備は一切していなかった。そのため、蓮池夫婦、地村夫婦が開口一番、「両親は元気ですか」と尋ねたのに対して「わかりません」と答えている。実は地村保志さんのお母様はその年の五月に亡くなっていたのだが、そのことを梅本氏は知らずに面会に行った。その上、驚くべきことに梅本氏はビデオカメラ、カメラ、録音機など記録をするための機材を持っていかなかった。

蓮池薫さんは、これが蓮池薫である証拠だと梅本氏にズボンをまくって足の傷を見せた。薫さんは小学校時代に交通事故にあっており、その際の傷だった。しかし、田中局長は事前に被害者の特徴の調査を全く行っていなかったため、梅本氏は「蓮池薫を名乗る人物に面会した」と報告したという（九月十八日夜、蓮池さん家族に梅本氏が説明）。

死亡とされた八人の「確認作業」は、横田めぐみさんの娘であるというヘギョンさんと梅本氏が面会したこと以外は一切なされていない。そして、その面会でも、ヘギョンさんが持参した、めぐみさんが失踪時に持っていたとされるバドミントンのラケットとカバーを、借り受けてくることはおろか写真を撮ってくることもしなかった。横田さんご両親は暗号電話のつながる外務省施設にいたのだから、電話でラケットとカバーのメーカーや色などを伝えて確認することもできたはずなのに、それすらしなかった。

北朝鮮の一方的な通告とこのようなでたらめな面会だけを根拠に、家族らは政府から「お亡くなりになっています」と断定形で通告されたのだ。

しかし、横田早紀江さんの母親の直感は、田中局長が行おうとした拉致棚上げでの国交正常化陰謀を打ち破った。飯倉公館での死亡通告が終わった後、家族らは国会議員会館に戻り記者会見をした。最初にマイクを取った横田滋さんは話の途中で涙と咳で言葉が出てこなくなった。そのとき、後ろに立っていた早紀江さんが毅然とマイクを取って次のように語った。

「今日、思いがけない情報で、本当にびっくりいたしましたけれども、あの国のことですから、何か一所懸命に仕事をさせられている者は簡単には出せない、ということだろうと私は思っております。絶対に、いつ死んだかどうかもわからないような、そんなことを信じることはできません。

そしてこれまで長いあいだ、このように放置されてきた日本の若者たちのことを、どうぞ皆さまがたも、これから本当に真心を持って報道してください。日本の国のために、このように犠牲になって苦しみ、また亡くなったかもしれない若者たちの心のうちを思ってください。

このようなことですけれども、私たちが一所懸命に支援の会の方々と力を合わせて戦ってきたこのことが、大きな政治のなかの大変な問題であることを暴露しました。このことは本当に日本にとって大事なことでした。北朝鮮にとっても大事なことです。そのようなことのために、めぐみは犠牲になり、また使命を果たしたのではないかと私は信じています。いずれ人は皆、死んでいきます。本当に濃厚な足跡を残していったのではないかと、私はそう思うことでこれからも頑張ってまいりますので、どうか皆さまとともに、戦っていきたいと思います。

本当にめぐみのことを愛してくださって、いつもいつも取材してくださって、めぐみちゃんのことをいつも呼びつづけてくださった皆さまに、また祈ってくださった皆さまに心から感謝いたします。まだ生きていることを信じつづけて戦ってまいります。ありがとうございました」

私は会見を設定する実務責任者として、この早紀江さんの言葉をすぐ近くで聞いていた。何か、天から言葉が降ってきて早紀江さんの口を通じて語られたような不思議な感覚になった。会見をともにしていた増元照明さん（るみ子さんの弟）も後日、同じ印象を受けたと話した。会場を埋めた記者たちがみな目を真っ赤にして涙ぐみながら必死で記録していた。この会見後、拉致問題は名実ともに国民的関心事となった。それまで『産経新聞』以外、ほとんどとりあげてこなかった新聞・テレビが拉致問題担当記者を置き、ことあるごとに家族の声、特に横田さんご両親の主張を伝えつづけた。

高まる国民の関心のなかで、「死亡の確実な証拠がない間は、生存を前提にして救出にあたるべきだ」という家族会・救う会が主張した正論が、田中局長らの国交正常化交渉を先行させようという陰謀を打ち破った。

北朝鮮が日本に提供した死亡の証拠、死亡診断書八枚、交通事故調書二枚、遺骨二人分などはすべて捏造されたものであることが、平成十六年十二月までに明らかになった。平成十四年九月に田中局長が現地でしっかり確認作業を行っていれば、より多数の被害者をあのときに助け出すことができた可能性もゼロではないと私は考えている。

　生きている被害者を死んだことにしようとする謀略は打ち破られた。日本政府は現在、「被害者の『死亡』を裏付けるものが一切存在しないため、被害者が生存しているという前提に立って被害者の即時帰国と納得のいく説明を行うよう求めています」という立場を首相官邸のサイトに明記し、北朝鮮の主張に具体的な証拠を挙げて反論している（http://www.rachi.go.jp/jp/mondaiten/index.html）。

　平成十八年九月、安倍政権が発足し、政府に首相を本部長とする拉致問題対策本部ができ、拉致問題担当大臣も任命された。また、やはり同年、はじめて拉致問題での不誠実な対応を理由の一つとして明示して北朝鮮に対する制裁が発動された。首相を本部長とする政府対策本部、担当大臣、拉致を理由にした制裁という体制は、民主党への政権交代が行われた後も引き継がれ現在に至っている。

　北朝鮮は平成二十年八月、生存者を帰すための調査やり直しをするという約束をしておきながら、同年九月に一方的にそれを破棄し、横田めぐみさんら八人は死んでいる、拉致したのは十三人だけだという二つの嘘をつきつづけている。日本政府が拉致被害者と認定している四人(久米裕さん、曽我ミヨシさん、田中実さん、松本京子さん)は北朝鮮に入っていないと強弁し、数十人とも百人以上とも推定される他の日本人拉致被害者についても存在を否定しつづけている。

その上、朝鮮戦争中の約十万人、休戦後の約五百人に上る韓国人拉致被害者、曽我ひとみさん、ジェンキンスさんの証言をもとに家族会・救う会などが調査して明らかになった世界十カ国(タイ、中国、レバノン、ルーマニア、シンガポール、マレーシア、ヨルダン、フランス、イタリア、オランダ)の被害者についても否認しつづけている。

なぜ、北朝鮮は拉致の全体像を隠そうとしているのか。その答えも早紀江さんの直感どおりだった。すなわち、北朝鮮が隠そうとしている仕事をさせられている者は出せないのだ。

一番わかりやすい例が田口八重子さんだ。彼女の拉致は大韓航空機爆破テロ犯である金賢姫氏の証言によって明らかになった。北朝鮮は平成十四年九月、田口さん拉致を認めながら、大韓機事件はいまだに韓国によるでっち上げと強弁しつづけ、金賢姫氏も北朝鮮人ではないとの嘘をつきつづけている。田口さんが帰ってきて金賢姫氏と面会したならば、その嘘は完全に暴露する。

金賢姫氏は自分たちの日本人化教育も、大韓機テロもみな金正日の指令にもとづくものだと証言している。また、めぐみさんも金正日の命令により金賢姫の同僚工作員金淑姫の日本人化教育の教官をさせられたとも証言している。

北朝鮮のような極端な個人独裁国家では独裁者の責任に関わることを認めることは困難なのだ。米国の圧力をかわし日本から一兆円の金を取るために拉致を部分的に認めよという金正日の指令を受けた担当部門では、工作員日本人化教育と大韓機事件に関して真相を明らかにしてよいという指令がない限り、そのことにつながる被害者を返すことはできない。だから生きている被害者を死んだとする悪辣な、新たな嘘を開発したのだ。

しかし、嘘の元凶である独裁者金正日が脳卒中と腎臓病などであと何年生きられるかわからない状態となった。三男金正恩を後継者に指名し、必死で死後の体制固めをしているが、情勢は流動化している。めぐみさんたち全員を取り戻すためには、余命幾ばくもない金正日と後継候補である金正恩やそれ以外の幹部ら、そして米韓中露など関係国に対して、「日本中が拉致問題で怒っている、いくらごまかそうとしても世論は冷めず、政権交代してもこの問題だけは政策が変わらない、被害者全員を返さない限り日本からの支援はもらえず、制裁は強化され、国際的圧力も強まる」というメッセージを送りつづけることだ。その上で、金正日の死後に起きる可能性がある内乱や混乱状況に備えて米韓などと協力して被害者救出計画を策定しなければならない。

本書のタイトル「めぐみ、お母さんがきっと助けてあげる」が実現する日は必ず来る。そのために本書が広く読まれることを願っている。

二〇一〇年十二月

*本書は、一九九九年に当社より刊行した著作を文庫化したものです。

草思社文庫

めぐみ、お母さんがきっと助けてあげる

2011年 2月10日　第1刷発行
2020年12月21日　第2刷発行

著　者　横田早紀江

発行者　藤田　博

発行所　株式会社 草思社

東京都新宿区新宿 1-10-1　郵便番号 160-0022
電話　03(4580)7680(編集)
　　　03(4580)7676(営業)
　　　http://www.soshisha.com/

本文印刷　株式会社 三陽社

付物印刷　日経印刷 株式会社

製本所　株式会社 坂田製本

本体表紙デザイン　間村俊一

ISBN978-4-7942-1801-8　Printed in Japan